普通高等院校计算机基础教育『十四五』系列教材

数字媒体技术基础

张军英　高洪皓　佘俊 ◎ 主编

中国铁道出版社有限公司
CHINA RAILWAY PUBLISHING HOUSE CO., LTD.

内 容 简 介

本书根据上海市高校信息技术水平考试数字媒体技术基础（一级）和数字媒体技术及应用（二级/三级）大纲，同时结合普通高等院校数字媒体类相关专业必修的基础课程"数字媒体技术基础"的课程标准编写，分为5章，包括数字媒体技术概述、数字音频、数字视频、数字图像、数字动画处理技术等。

本书目标明确、重点清晰；案例丰富、内容全面；资源多样、习题完备，适合作为高等院校数字媒体相关专业学生的教材，也可作为从事数字媒体创作或数媒爱好者的参考用书。

图书在版编目（CIP）数据

数字媒体技术基础 / 张军英，高洪皓，佘俊主编． 北京：中国铁道出版社有限公司，2025. 1. --（普通高等院校计算机基础教育"十四五"系列教材）． -- ISBN 978-7-113-31798-0

Ⅰ．TP37

中国国家版本馆 CIP 数据核字第 2024X7R529 号

书　　名：数字媒体技术基础	
作　　者：张军英　高洪皓　佘　俊	
策　　划：曹莉群	编辑部电话：（010）83517321
责任编辑：贾　星　许　璐	
封面设计：郭瑾萱　尚明龙	
责任校对：刘　畅	
责任印制：赵星辰	

出版发行：中国铁道出版社有限公司（100054，北京市西城区右安门西街8号）
网　　址：https://www.tdpress.com/51eds
印　　刷：北京盛通印刷股份有限公司
版　　次：2025年1月第1版　2025年1月第1次印刷
开　　本：787 mm×1 092 mm　1/16　印张：10.25　字数：255千
书　　号：ISBN 978-7-113-31798-0
定　　价：55.00元

版权所有　侵权必究

凡购买铁道版图书，如有印制质量问题，请与本社教材图书营销部联系调换。电话：（010）63550836
打击盗版举报电话：（010）63549461

前 言

从数字图像处理到交互式多媒体设计,从网络视频到移动应用开发,数字媒体技术的应用领域日益广泛。"数字媒体技术基础"是数字媒体类相关专业必修的基础课程,该课程既要求学生掌握数字媒体的理论知识,还要求学生拥有较强的实践创作能力。

本书按照党的二十大报告提出的"加强教材建设和管理"的要求,根据上海市高校信息技术水平考试数字媒体技术基础(一级)和数字媒体技术及应用(二级/三级)大纲,结合数字媒体技术最新发展现状编写,涵盖了 Audition、Premiere、剪映、Photoshop、Animate 等当前流行的多媒体工具软件。

本书主要包括数字媒体技术概述、数字音频、数字视频、数字图像、数字动画处理技术等内容,通过"案例+工具使用"的形式介绍知识点,重点探讨数字媒体技术的基本概念、关键技术和最新发展;同时,每章最后设置课后练习题,以帮助读者巩固和提高。通过对本书的学习,读者将能够理解数字媒体技术的工作原理,掌握其应用技巧,并培养在数字时代中创新和解决问题的能力。

本书主要特色如下:

(1)目标明确、重点清晰。每一章都包含本章的学习目标及学习重点,条理清楚、要求具体、可操作性强,为学生指明方向。完成章节学习后还可以对照学习目标,衡量和评估学习效果,比对性强。

(2)案例丰富、内容全面。每章都遵循先讲解基础知识、基本概念,再提供实用案例的原则,由易到难,循序渐进。

(3)资源多样、习题完备。编写时,注重以案例驱动、任务引导为主,特别是重点章节提供综合案例,以微视频的方式提供数字化资源,读者扫描二维码即可观看学习。

本书由上海大学计算机学院计算机基础教学中心多位一线教师联合编写,由张军英、高洪皓、佘俊任主编，孙研和赵芳参与编写。高珏、陶媛、钟宝燕、邹启明、朱弘飞等对本书内容提出了很多宝贵意见，在此表示衷心感谢。在编写本书的过程中，参阅了大量参考书和视频教程等有关资料，在此向这些资料的作者表示衷心感谢！

  由于时间仓促，加之编者水平有限，书中难免存在不妥之处，敬请广大读者批评指正。

编　者

2024 年冬于上海

目 录

第1章 数字媒体技术概述 ... 1
1.1 认识媒体及其分类 ... 1
1.1.1 媒体的定义及含义 ... 1
1.1.2 媒体的分类 ... 2
1.2 数字媒体的概念及其特点 ... 2
1.2.1 数字媒体概念 ... 2
1.2.2 数字媒体的分类和特点 ... 2
1.3 数字媒体技术的研究内容和应用领域 ... 3
1.3.1 数字媒体技术的研究内容 ... 3
1.3.2 数字媒体技术的应用领域 ... 3
1.4 数字媒体的关键技术 ... 5
1.4.1 数字水印技术 ... 5
1.4.2 数字媒体的压缩与编码 ... 5
1.4.3 数字媒体传输技术 ... 6
习题 ... 6

第2章 数字音频 ... 8
2.1 数字音频概述 ... 8
2.1.1 音频的基本概念 ... 8
2.1.2 音频的数字化 ... 9
2.2 音频数据的压缩编码 ... 11
2.2.1 数字音频压缩编码 ... 11
2.2.2 常见的音频格式 ... 12
2.3 音频编辑与处理 ... 15
2.3.1 常用的音频编辑软件 ... 15
2.3.2 Audition软件编辑音频 ... 15
2.4 数字音频的应用 ... 21
2.4.1 音频处理应用领域 ... 21

2.4.2　语音合成与语音识别 21
 习题 22

第 3 章　数字视频 24
 3.1　Premiere 视频编辑基础 24
  3.1.1　视频编辑中常见的概念 24
  3.1.2　Premiere Pro 2024 基本编辑工作流程 27
  3.1.3　Premiere Pro 2024 的工作界面 29
 3.2　智能视频处理与创作 35
  3.2.1　AI 视频制作的基础知识 36
  3.2.2　AI 视频制作的常用工具 37
  3.2.3　运用 Premiere 进行 AI 视频制作 38
 3.3　综合案例 48
  3.3.1　构思流程 48
  3.3.2　设计内容 48
  3.3.3　创作感想 51
 习题 51

第 4 章　数字图像 53
 4.1　图像处理基础 54
  4.1.1　图像相关的基本知识 54
  4.1.2　图像的数字化 58
 4.2　Photoshop 概述 58
  4.2.1　Photoshop 的产生及版本演变 58
  4.2.2　Photoshop 2024 的主要功能及安装要求 59
  4.2.3　Photoshop 2024 的界面 60
  4.2.4　图像文件的操作 63
  4.2.5　颜色的设置 64
 4.3　图像处理 66
  4.3.1　图像的选取、着色和绘图 66
  4.3.2　修复工具组 77
  4.3.3　路径和形状 80
  4.3.4　文字工具组 84
  4.3.5　图像色彩与色调的调整 89
  4.3.6　图层与蒙版 92
  4.3.7　通道和滤镜 108

习题 117

第 5 章　数字动画处理技术 119
5.1　数字动画处理基础 119
5.1.1　数字动画基础知识 119
5.1.2　数字动画分类 120
5.2　Animate 概述 121
5.2.1　Animate 简介 121
5.2.2　Animate 基本使用 121
5.2.3　Animate 界面 122
5.2.4　Animate 基本概念 125
5.3　Animate 工具的使用 128
5.3.1　对象选择 128
5.3.2　图形绘制 133
5.3.3　颜色处理 139
5.3.4　文本处理 141
5.3.5　视图查看 142
5.3.6　工具栏编辑 143
5.4　Animate 动画制作案例 143
5.4.1　简单动画制作 143
5.4.2　逐帧动画制作 144
5.4.3　形状补间动画制作 145
5.4.4　动作补间动画制作 146
5.4.5　引导层动画制作 149
5.4.6　遮罩动画制作 152

习题 154

附录 A　习题参考答案 156

第1章
数字媒体技术概述

学习目标
◎ 了解媒体的定义和分类。
◎ 理解数字媒体的概念及其特点。
◎ 理解数字媒体技术的研究内容和应用领域。
◎ 了解数字水印技术的定义、意义和作用。
◎ 了解数字媒体的关键技术。

学习重点
◎ 数字媒体的基本概念。
◎ 数字媒体技术的研究内容和应用领域。

计算机技术和通信技术的发展,促使人类社会快速步入新媒体时代,数字媒体作为新媒体形式之一,已逐步替代传统媒体形式,成为人们获取信息、进行有效沟通交流的重要手段,对数字媒体的认识与合理运用已经成为现代人不可或缺的基本生存技能。我们既要认识到数字媒体在信息社会的价值和重要性,了解数字媒体的本质,又要掌握数字媒体的基本处理方法,能够熟练利用数字媒体表现创意、表达思想,实现直观有效的交流。通过了解数字水印技术,增强法律意识,认识到知识产权的重要性,同时提高知识产权的保护意识,自觉抵制盗版。

1.1 认识媒体及其分类

1.1.1 媒体的定义及含义

媒体是指人们用来传递信息与获取信息的工具、渠道、载体或技术手段。这里的媒体有三层含义:一是指存储信息的实体,如纸张、光盘、磁盘、半导体存储器等;二是指信息表示和传播的载体,主要包括文字、图像、图形、声音、动画和视频六大类;三是指媒体管理和运营机构,如新闻、出版、广播、电影、电视、互联网等。

1.1.2 媒体的分类

根据媒体自身性质，国际电信联盟（International Telecommunication Union, ITU）将媒体分为以下五类：

（1）**感觉媒体**：是指能够直接作用于人的感觉器官，使人产生直接感觉（视、听、嗅、味、触觉）的媒体。例如，语言、音乐、各种图像、图形、动画、视频、文本等，这些都是人们直接感知到的信息形式。

（2）**表示媒体**：又称编码媒体，是为了传送感觉媒体而人为研究出来的媒体。借助这一媒体，可以更加有效地存储感觉媒体，或者将感觉媒体从一个地方传送到另一个地方。例如，语言编码、电报码、条形码、静止和活动图像编码以及文本编码等。

（3）**显示媒体**：这是显示感觉媒体的设备。显示媒体又分为输入显示媒体和输出显示媒体。输入显示媒体如话筒、摄像机、光笔以及键盘等，用于将人的感觉媒体转换为计算机可识别的数字信号；输出显示媒体如扬声器、显示器和打印机等，用于将计算机处理后的数字信号转换回人们可以感知的信息形式。

（4）**存储媒体**：用于存储表示媒体，即存放感觉媒体数字化后的代码的媒体。例如，硬盘、磁盘、光盘、磁带、纸张等。这些都是用于存放某种媒体的载体。

（5）**传输媒体**：是指传输信号的物理载体，例如，同轴电缆、光纤、双绞线以及电磁波等都是传输媒体。它们负责将数字化后的信息从一处传输到另一处。

1.2 数字媒体的概念及其特点

1.2.1 数字媒体概念

数字媒体（digital media）是指以二进制数字的形式获取、记录、处理、传播和呈现信息的载体，这些载体包括数字化的文字、图形、图像、声音、视频影像和动画等感觉媒体，以及表示这些感觉媒体的编码，也包含存储、传输、显示这些感觉媒体的实物载体。

数字媒体技术是指利用计算机技术和网络通信技术，对文本、图形、图像、声音、视频等多种媒体信息进行采集、处理、存储、传输和展示的综合技术。

数字媒体技术的发展以信息科学技术与现代艺术相结合为基础，数字媒体是将信息传播技术应用到文化、艺术、教育、商业和管理领域的科学与艺术高度融合的综合交叉学科，已经成为继语言、文字和电子技术之后的最新的信息载体。

数字媒体技术的重要性在于它能够改变人们获取信息和娱乐的方式，为人们带来更加便捷、多样化的体验。例如，在数字媒体技术的支持下，人们可以通过互联网随时随地获取各种信息，观看高清视频，享受在线音乐等。同时，数字媒体技术也为创业产业、广告业、教育等领域带来了革命性的变化，推动了这些行业的快速发展。

1.2.2 数字媒体的分类和特点

1. 数字媒体的分类

根据数字媒体的属性特点，可以将它们分为不同的种类。

1）按内容是否随时间变化分类

（1）静止媒体：内容不会随着时间而变化的数字媒体，比如文本和图片。这些媒体形式的信息是静态的，不随时间改变。

（2）连续媒体：内容随着时间而变化的数字媒体，比如音频和视频。这些媒体形式的信息是动态的，随时间变化而展现不同的内容。

2）按来源分类

（1）自然媒体：指客观世界存在的景物、声音等经过专门的设备进行数字化和编码处理之后得到的数字媒体。例如，数码照相机拍的照片。

（2）合成媒体：指以计算机为工具，采用特定符号、语言或算法表示的，由计算机生成（合成）的文本、音乐、语音、图像和动画等。例如，用3D制作软件制作出来的动画角色。

3）按信息载体数量分类

（1）单一媒体：指由单一信息载体组成的媒体，如单一的文本、图像或音频文件。

（2）多媒体：指多种信息载体的表现形式和传递方式，能够同时处理、编辑、展示两种或两种以上不同类型信息媒体的技术，这些信息媒体包括文字、声音、图形、图像、动画和视频等。

2. 数字媒体的特点

（1）数字化：数字媒体的所有信息都是以二进制数字形式存在和处理的，这使得信息的存储、处理和传输更加高效和便捷。

（2）交互性：数字媒体提供了用户与媒体内容之间的交互能力，用户可以通过各种输入设备（如键盘、鼠标、触摸屏等）与媒体内容进行互动。

（3）集成性：数字媒体能够将多种类型的信息（如文本、图像、音频、视频等）集成在一起，形成多媒体信息，为用户提供更加丰富的感官体验。

（4）实时性：数字媒体可以实时地处理和传输信息，使得信息的传播速度更快，时效性更强。

1.3 数字媒体技术的研究内容和应用领域

1.3.1 数字媒体技术的研究内容

数字媒体技术主要研究与数字媒体信息的获取、存储、处理、传输、安全、管理、传播、输出等相关的理论、方法和技术。因此，数字媒体技术是一门综合应用的技术，涉及计算机技术、通信技术和媒体信息处理等各种技术。

1.3.2 数字媒体技术的应用领域

根据数字媒体的特点和包含的内容，数字媒体技术的应用领域非常广泛。可分为数字影视、数字游戏、3D数字动漫、手机媒体、城市规划、数字广告、数字教育、数字景区、数字艺术、数字出版等。

1. 数字影视

数字影视相对传统影视来说是一个全新的领域，它包括数字电影、数字电视、网络流媒体技术等。越来越多的影视作品从制作到传播等各个环节都运用了数字技术，尤其是影片中一些需要展现特效和特技的场景。在数字媒体技术的作用下，电影技术从使用胶片存储，人工拍摄剪辑逐渐发展为数字摄像机拍摄，运用计算机进行剪辑。同时，加入计算机动画和虚拟现实的场景，使得影视作品更震撼、更逼真。数字电影制作技术也在逐渐取代传统的电影制作技术。

2. 数字游戏

数字媒体技术在数字游戏设计中的应用，丰富了数字游戏的种类、提高了游戏的品质、创新了数字游戏的玩法，使其可以更好地满足不同玩家的需求，提高了游戏玩家的体验感。

3. 3D数字动漫

数字媒体技术在动漫的设计和制作中发挥着重要作用。从前期的动漫角色和场景设计到后期各种动漫效果的渲染合成，都离不开数字媒体技术，它可以使动漫效果的展示更具立体感，表现更直观。

4. 手机媒体

手机媒体作为网络媒体的延伸，它是以互动为传播应用的大众传播媒介，具有互动性强、信息获取便捷、传播更新速度快、可跨地域传播等特性。手机媒体还具有高度的移动性、便携性。手机媒体信息传播具有即时性、互动性，以及受众资源极其丰富的特点。

5. 城市规划

近年来，数字媒体技术和艺术相结合，在城市规划的各个方面，尤其是城市公共艺术、城市博物馆、城市景观设计中逐渐应用和发展，满足了城市不同人群的精神需求，同时产生了基于数字媒体技术和艺术相结合的数字生态城市这一规划理念，促进了人与自然和谐相处。

6. 数字广告

与传统的广告相比，数字广告包含的信息量更大，传播的速度更快、范围更广，大众可以自主地接受广告，并可以将自己对产品的建议、看法以及自己遇到的问题传递给更多人。数字广告的不断发展，缩小了商家和消费者之间的距离。

7. 数字教育

通过数字化教学手段，如在线教育平台，学生可以随时随地通过互联网学习，不受地域和时间的限制。虚拟实验室的创建，丰富了学习资源，满足不同学生的学习需求，提升了学习体验，提高了教育的效率和质量。利用大数据、人工智能等技术，开发智能学伴、AI助教等辅助工具，优化教学流程，实现个性化教育。

8. 数字景区

数字媒体技术在旅游业的应用，能帮助游客更加清楚地了解景区文化，可以有效地进行旅游资源的整合。利用数字媒体技术丰富的视觉图形语言，可以实现对景区特色文化的立体化展示。

9. 数字艺术

数字艺术包括数字绘画、数字摄影、数字雕塑等，艺术家们利用数字技术进行创作，打破了传统艺术形式的限制。

10. 数字出版

电子书、电子期刊、电子报纸等数字出版物改变了人们的阅读习惯，使得信息的获取更加便捷。

1.4 数字媒体的关键技术

数字媒体的关键技术主要包括数字水印技术、数字信息的获取和存储技术、数字媒体的压缩与编码、基于数字媒体网络传输的流媒体技术、计算机图形技术、计算机动画技术、人机交互的图形显示技术、虚拟现实技术等。

1.4.1 数字水印技术

由于互联网的普及，数字媒体得以在网络上广泛传播，数字媒体的获取变得非常便捷。为了保护数字媒体的版权，尊重原创作品，数字水印技术应运而生。

数字水印（digital watermarking）技术是一种信息隐藏技术，它将特定的信息（如版权信息、序列号、图像标志等）嵌入数字媒体（如图像、音频、视频等）中，且不影响原媒体的使用价值，也难以被直接察觉，但可以被生产方识别和辨认。这种技术主要用于版权保护、产品标识、验证归属权、鉴别数据真伪等方面。

数字水印技术的特点包括：

（1）隐蔽性：水印信息嵌入后不易被直接观察到，保持了原媒体内容的完整性。

（2）鲁棒性：水印信息具有一定的抗攻击能力，即使原媒体内容经过一些处理（如压缩、滤波等），水印信息仍能被提取出来。

（3）安全性：通过特定的算法和技术手段，确保水印信息不易被篡改或伪造。

根据水印所附载的媒体，可以将数字水印划分为图像水印、音频水印、视频水印、文本水印，以及用于三维网格模型的网格水印等。

1.4.2 数字媒体的压缩与编码

数字化后各种媒体数据量庞大，直接存储和传输这些原始数据是不现实的。在这些庞大的数据中，实际上也存在着大量的数据冗余。通过数据压缩与编码技术，可以在保持数据不损失，或者损失不大的情况下，进行数字媒体的存储与传输，使用时再加以恢复。

1. 数字媒体数据的特点

1）庞大的数据量

数字媒体数据具有庞大的数据量。例如，一张分辨率为1 024×1 024的真彩色照片，如果每个像素用32位二进制数存储，数据量为（1 024×1 024）像素×32 b/像素÷8=4 MB。如果以每秒24帧这种图像组成视频，1分钟视频的数据量为4 MB×24帧/s×60 s=5 760 MB=5.625 GB。这么庞大的数据量会给数据的传输、存储带来很大的麻烦。

2）数据冗余

数字媒体数据中存在着大量的冗余数据。例如，图像画面会在空间上存在大量相同的色彩信息，称为空间冗余。视频中，相邻画面也存在大量的相似特征，被称为时间冗余；而对于人的感官来说，无论色彩，还是声音，都存在着无法感受到的内容，这些数据被数字化后，得到的就属于感官冗余信息。这些冗余信息的存在，使得数据压缩成为可能。

3）数据压缩

数据压缩的实质是采用代码转换或消除信息冗余量的方法来实现对采样数据量的大幅缩减，从而减少数字媒体所占的存储空间，或者传输带宽，前提是确保还原信息质量能满足要求。在使用时,需将压缩的数字媒体通过一定的解码算法,解压还原到原始信息。通常,人们把包括压缩与解压缩的技术统称为数据压缩技术。

2. 数字媒体数据压缩方法

数据压缩技术可以分为有损压缩和无损压缩两种。衡量一种压缩编码方法优劣的重要指标有:压缩比、压缩与解压缩速度、算法的复杂程度。压缩比高、压缩与解压缩速度快、算法简单、解压还原后的质量好,则被认为是好的压缩算法。

1) 无损压缩

原始数据在压缩后可以被完全恢复,没有任何信息丢失的压缩方法称为无损压缩。无损压缩方法的优点是能够比较好地保存原始数字媒体的质量,但相对来说,这种方法的压缩率比较低。对于需要作为原始素材保存或用高分辨率的打印机打印等情况,比较适合使用这种方法压缩。

2) 有损压缩

数据在压缩过程中有丢失,无法还原到与压缩前完全一样的状态的压缩方法称为有损压缩。有损压缩的目标是减少数字媒体数据在内存和存储介质中占用的空间,但前提还是数字媒体数据的质量不能损失过大。例如,被JPEG技术压缩后的照片质量还是很好,MP3音乐给人的感受也很不错,它们都是利用有损压缩的方法处理的。

1.4.3 数字媒体传输技术

当前互联网上有大量的图片、声音、视频等数字媒体信息,人们可以方便地观看、收听。这些数字媒体的数据量虽然巨大,但也不需要等待它们完全下载才能观看和收听,也不需要在自己的计算机上有较大的存储设备保存这些数字媒体数据,这完全依赖于流媒体传输技术的发展。

所谓数据的流媒体传输技术是一种将连续的媒体数据(如音频、视频)压缩后,通过网络以流的形式分段传输的技术。这种技术允许用户在数据下载过程中即时播放,无须等待整个文件下载完成。流媒体传输技术的特点包括:

(1) 实时性:用户可以在数据开始传输时立即开始播放,享受几乎实时的媒体体验。

(2) 节省存储:由于数据是边下载边播放,用户的设备无须存储完整的媒体文件,从而节省了存储空间。

(3) 广泛应用:流媒体传输技术广泛应用于在线视频、直播、在线音乐、远程教育等领域,极大地丰富了用户的媒体消费体验。

流媒体技术发展的基础在于数据压缩技术和缓存技术,通过数据压缩技术,使得需要传输的数字媒体数据量尽可能减少;通过缓存技术,在网络传输速率出现波动时,可以从缓存中获取接下来需要播放的数据,使得媒体数据能平稳地展现在用户面前。

习 题

一、单选题

1. 数字媒体在计算机中的表示与存储是以( )形式进行的。
   A. 十进制　　　　B. 二进制　　　　C. 八进制　　　　D. 十六进制

2. 存储媒体不包含以下（　　　）对象。
　　A. 磁盘　　　　　　B. 光盘　　　　　　C. 磁带　　　　　　D. 文件
3. 硬盘属于（　　）媒体。
　　A. 表示媒体　　　　B. 传输媒体　　　　C. 交换媒体　　　　D. 存储媒体
4. 媒体中的（　　　）指为了传送感觉媒体而人为研究出来的媒体。
　　A. 感觉媒体　　　　B. 显示媒体　　　　C. 表示媒体　　　　D. 存储媒体
5. 以下不是衡量一种压缩编码优劣的重要指标的是（　　　）。
　　A. 压缩比　　　　　　　　　　　　　　B. 是否有损
　　C. 压缩与解压缩速度　　　　　　　　　D. 算法的复杂程度
6. 流媒体技术的基础是数据压缩技术和（　　　）。
　　A. 解压缩技术　　　B. 传输技术　　　　C. 缓存技术　　　　D. 网络技术
7. 用于衡量数据压缩技术性能优劣的重要指标是（　　　）。
　　A. 压缩比　　　　　B. 波特率　　　　　C. 比特率　　　　　D. 存储空间
8. 以下选项不是连续媒体的是（　　　）。
　　A. 音频　　　　　　B. 图像　　　　　　C. 动画　　　　　　D. 视频
9. 根据媒体来源的不同，数字媒体可分为（　　　）。
　　A. 静止媒体和连续媒体　　　　　　　　B. 自然媒体和合成媒体
　　C. 单一媒体和多媒体　　　　　　　　　D. 表示媒体和感觉媒体
10. 以下不是数字水印技术作用的是（　　　）。
　　A. 加快信息传输　　　　　　　　　　　B. 保护信息安全
　　C. 实现防伪溯源　　　　　　　　　　　D. 版权保护

二、多选题

1. 数字媒体数据的特点是（　　　）。
　　A. 格式转换　　　　B. 数据量庞大　　　C. 数据冗余　　　　D. 数据压缩
2. 以下属于数字媒体输入设备的是（　　　）。
　　A. 鼠标　　　　　　B. 投影仪　　　　　C. 扫描仪　　　　　D. 数字化仪
3. 流媒体技术发展的基础在于（　　　）和（　　　）。
　　A. 数据压缩技术　　B. 传输技术　　　　C. 缓存技术　　　　D. 网络技术
4. 以下哪些属于数字水印技术的应用范畴（　　　）。
　　A. 票证防伪　　　　B. 版权保护　　　　C. 篡改提示　　　　D. 访问控制
5. 图像数据经有损压缩后，下列说法不正确的是（　　　）。
　　A. 图像所需的存储空间更小　　　　　　B. 图像的清晰度更高
　　C. 图像的色彩更鲜艳　　　　　　　　　D. 图像放大后不会失真

第 2 章
数字音频

学习目标

- ◎理解数字音频的基本概念。
- ◎掌握音频的数字化过程。
- ◎掌握音频数据的压缩编码技术,包括无损压缩和有损压缩的原理和应用。
- ◎熟悉常见的音频格式,包括它们的优缺点和应用场景。
- ◎学会使用音频编辑软件,特别是 Adobe Audition,进行音频的录制、编辑和处理。
- ◎了解数字音频在不同领域的应用。
- ◎掌握语音合成与语音识别技术的基本原理和应用。

学习重点

- ◎音频数字化过程。
- ◎区分无损压缩音频格式和有损压缩音频格式。
- ◎ Adobe Audition 的使用。
- ◎语音识别和语音合成技术的原理和应用。

本章将全面介绍数字音频的基础知识,包括音频的基本概念、数字化过程、压缩编码技术、常见音频格式的特性及其应用场景。同时,读者要学会使用专业的音频编辑软件进行音频的录制、编辑和处理,并且了解数字音频在多个领域的应用,特别是语音合成与语音识别技术,以便能够在实际工作中有效地应用这些知识,提升音频处理的专业技能。

2.1 数字音频概述

2.1.1 音频的基本概念

声音是沟通思想和情感的桥梁,它不仅是信息传递的媒介,更是现代社会交流的关键工具。无论是在熙熙攘攘的公共场所聆听清晰的语音播报,还是在车内享受精准的语音导航,抑或是在移动设备上使用语音即时翻译,以及沉浸在数字媒体作品和游戏中的生动场景音效,还有影视作品中引人入胜的语音对白,声音都为我们的生活增添了无限便捷与乐趣。

在数字媒体技术的世界中，声音以语音、声效、音乐等多种形式的音频信号呈现，这些音频信号承载着声波频率和幅度的规律性变化。数字媒体技术中的声音主要分为两大类：波形音频和MIDI电子音频。波形音频是通过捕捉和数字化外部声音源而获得的，它保留了声音的原始质感；而MIDI电子音频则可以通过计算机声卡中的合成器进行创作，提供了无限的可能性。

声音是一种通过介质传播的连续波动，它需要介质才能传播，而在真空中则无法传播。声音的传播速度，即音速，指的是声波在每秒内传播的距离，这个速度在不同的介质中有所不同，在固体和液体中的传播速度通常比在气体中更快。

声音有三个基本要素：音调、响度、音色。

（1）音调（pitch）：声音频率的高低称为音调，是由频率所决定的。频率（frequency），即每秒声音信号变化的次数，用赫兹（Hz）作为单位来衡量，频率越高，音调越高。例如，20 Hz表示声音信号在1秒内周期性地变化20次。

（2）响度（loudness）：响度也称为音量或音强，指人主观上感觉声音的强弱程度，由振幅（amplitude）和人离声源的距离决定，振幅越大响度越大，人和声源的距离越小，响度越大。响度的度量通常用分贝（dB）来表示。

（3）音色（music quality）：又称音品，由发声物体本身的材料和结构决定。每个人讲话的声音以及钢琴、提琴、笛子等各种乐器所发出的不同声音，都是由不同音色造成的。

数字声音，也称为数字音频，是通过数字化技术对声音进行捕捉、存储、编辑、压缩、还原和播放的过程。声音的获取可以通过多种方式实现，其中最常用的是利用麦克风进行录制，这种方法能够捕捉到清晰而直接的音频信号。此外，从视频中提取音频也是一种常见的获取方法，这在后期制作和多媒体编辑中尤为实用。而虚拟变声技术则为声音的个性化和创意表达提供了无限可能。

2.1.2　音频的数字化

1. 模拟信号、数字信号的转换

人们日常生活听到的各种声音信息是典型的连续信号，它不仅在时间上连续，而且在幅度上也连续，我们称之为模拟音频。在数字音频技术产生之前，我们只能用磁带或胶木唱片来存储模拟音频，随着技术的发展，声音信号逐渐过渡到了数字化存储阶段，可以用计算机等设备将它们存储起来。

（1）模拟信号（analog signal）：是一种连续的信号，它在时间和幅度上都没有间断点。这种信号可以是自然界中的声音波形，也可以是电子设备产生的连续电压变化。例如，传统电话线传输的声音信号就是模拟信号，它随着声音的振动而连续变化。模拟信号的特点是它们可以有无限多个不同的值，这使得它们能够精确地表示复杂的波形。然而，模拟信号在传输过程中容易受到噪声和干扰的影响，导致信号质量下降，而且随着距离的增加，信号衰减问题也变得更加严重。

（2）数字信号（digital signal）：是一种离散的信号，它在时间和幅度上都是不连续的。数字信号由一系列在特定时刻取特定值的样本组成，这些值通常是二进制数，即0和1。数字信号在表示声音或图像时，通过采样和量化的过程将模拟信号转换为一系列离散的点。这种信号的优点在于它对噪声和干扰具有很强的抵抗力，因为数字信号可以在传输过程中被无损地复制和再生。此外,数字信号易于存储和处理,因为它们可以用计算机和数字设备进行精确的操作。

(3)模数转换(A/D转换):是将模拟信号转换为数字信号的过程。这通常涉及三个步骤:首先,通过采样过程在特定的时间间隔内测量模拟信号的幅度;其次,通过量化过程将这些样本映射到最接近的预定义的离散值;最后,通过编码过程将量化后的样本转换为二进制代码。这样,连续的模拟信号就被转换成了一系列可以用数字设备处理的离散数据。

(4)数模转换(D/A转换):则是模数转换的逆过程,它将数字信号转换回模拟信号。在D/A转换器中,二进制数字被转换成相应的电压或电流级别,从而重建出连续的模拟信号波形。

2. 模数转换的步骤

对于计算机来说,处理和存储的只可以是二进制数,所以在使用计算机处理和存储声音信号之前,我们必须使用模数转换(A/D)技术将模拟音频转化为二进制数,这样模拟音频就转化为数字音频了。模数转换的过程包括采样、量化和编码三个步骤。模拟音频向数字音频的转换是在计算机的声卡中完成的。

1. 采样

采样是指将时间轴上连续的信号每隔一定的时间间隔抽取出一个信号的幅度样本,把连续的模拟量用一个个离散的点表示出来,使其成为时间上离散的脉冲序列。

每秒钟采样的次数称为采样频率,用 f 表示;样本之间的时间间隔称为取样周期,用 T 表示,$T=1/f$。例如,CD的采样频率为44.1 kHz,表示每秒钟采样44 100次。常用的采样频率有8 kHz、11.025 Hz、22.05 kHz、44.1 kHz、48 kHz等。

在对模拟音频进行采样时,取样频率越高,音质越有保证;若取样频率不够高,声音就会产生低频失真。那么怎样才能避免低频失真呢?

著名的采样定理(Nyquist定理)中有给出明确的答案:要想不产生低频失真,采样频率至少应为所要录制的音频的最高频率的2倍。例如,电话话音的信号频率约为3.4 kHz,采样频率就应该大于等于6.8 kHz,考虑到信号的衰减等因素,一般取为8 kHz。

2. 量化

量化是将采样后离散信号的幅度用二进制数表示出来的过程。每个采样点所能表示的二进制位数称为量化精度,又称为量化位数或采样精度。

量化精度反映了度量声音波形幅度的精度。例如,每个声音样本用16位(2字节)表示,测得的声音样本值在0~65 536范围内,它的精度就是输入信号的1/65 536。常用的采样精度为8 bit/s、12 bit/s、16 bit/s、20 bit/s、24 bit/s等。

采样频率、采样精度和声道数对声音的音质和占用的存储空间起着决定性作用,其中,声道数是指在录制或播放时不同音源的数量。我们希望音质越高越好,磁盘存储空间越少越好,这本身就是一个矛盾。必须在音质和磁盘存储空间之间取得平衡。声音文件的数据量与上述三要素之间的关系可用以下公式表示:

数据量=(采样频率×采样精度×声道数×时间)÷8

例如,采用44.1 kHz的采样频率、16位采样精度和双声道来录制一分钟音乐,在不压缩的情况下其数据量是约10 MB,具体计算过程如下:

$$\text{数据量} = (\text{采样频率} \times \text{采样精度} \times \text{声道数} \times \text{时间}) \div 8 \text{ B}$$
$$= (44\,100 \text{ Hz} \times 16 \text{ bit} \times 2 \times 60 \text{ s}) \div 8 \text{ B}$$
$$= 10\,584\,000 \text{ B}$$
$$\approx 10 \text{ MB}$$

3. 编码

采样和量化后的信号还不是数字信号，需要把它转换成数字编码脉冲，这一过程称为编码，如PCM编码、WAV格式、MP3编码等。最简单的编码方式是二进制编码，即将已经量化的信号幅值用二进制数表示，计算机内采用的就是这种编码方式。模拟音频经过采样、量化和编码后所形成的二进制序列就是数字音频信号，可以将其以文件的形式保存在计算机的存储设备中，这样的文件通常称为数字音频文件。

PCM（pulse code modulation）编码即脉冲编码调制，指模拟音频信号只经过采样、模数转换直接形成的二进制序列，未经过任何编码和压缩处理。PCM编码最大的优点就是音质好，最大的缺点就是体积大。在计算机应用中，能够达到最高保真水平的就是PCM编码，常见的WAV文件中就有应用。

2.2 音频数据的压缩编码

2.2.1 数字音频压缩编码

声音信号按频率划分为次声波、音频信号和超声波。人耳能够听到的音频信号的频率为20 Hz～20 kHz。声音信号的频率划分如图2-2-1所示。

图 2-2-1 声音信号频率划分

数字音频压缩技术指对原始数字音频信号运用适当的数字信号处理技术，在不损失有用信息量或引入损失可以忽略的条件下，降低码率，也称为压缩编码。它必须具有相应的逆变换，称为解压缩或解码。音频信号在通过一个编解码系统后可能会引入大量的噪声和一定的失真。

音频压缩算法可以分为两类，分别是无损压缩算法和有损压缩算法。无损压缩利用数据的统计冗余进行压缩，原始数据可以完全从压缩数据中恢复出来，而不引起任何失真，对原始音频进行没有任何信息/质量损失，但其压缩率受冗余度的理论限制；有损压缩是尽可能多地从原文件删除没有多大影响的数据，但原始数据不能完全从压损数据中恢复出来，只是在某种失真度下的近似。一般来说，无损压缩比率在源文件的50%～60%，而有损压缩可以达到原文件的5%～20%。

有损压缩中有多种编码方式，例如，预测编码、变换编码、基于模型编码以及分形编码。预测编码是对实际值和预测值的差进行编码，典型的压缩方法有PCM（脉冲编码调制）、DPCM（差分脉冲编码调制）以及ADPCM（自适应差分脉冲编码调制）；变换编码是将空间域中描述的图像数据经过某种正交变换转换到另一个变换域中进行描述，典型的正交变换方式有DFT（离散傅里叶变换）、DCT（离散余弦变换）以及DWT（离散小波变换）等；基于模型编码与经典方法中的预测编码方法类似，它的核心是建模和提取模型的参数，其中，模型的选取、描述和建立是决定模型编码质量的关键因素；分形编码是利用分形几何中几何图形的自相似的原理来实现的，它的解码是一个快速迭代的过程，是一种相对较新的压缩技术。

无损编码中主要有哈夫曼（Huffman）编码、算术编码、行程编码以及字典编码等多种形式。

最常用的哈夫曼编码的特点如下：
① 没有错误保护功能，如果在码字中出现错误，则可能会引起接下来一连串的译码错误；
② 属于可变长编码，因此很难随意查到被调用的文件内容。
③ 在编码时不需要同步，解码会根据码字自动区分。
④ 每个码字都是整数，因此实际中平均码长很难达到信息熵的大小。

有损压缩和无损压缩的优缺点见表2-2-1。

表 2-2-1　有损压缩和无损压缩的优缺点

类 别	优 点	缺 点
有损压缩	能够获得比任何已知无损方法小得多的文件大小，同时又能满足系统的需要	失真的情况很难量化，在高分辨率设备下音频质量会有明显受损的痕迹
无损压缩	能够比较好地保证文件的质量，甚至可以100%地保存文件的全部数据，是对文件的数据存储方式进行优化，音质也不受信号源的影响并且格式转换方便	压缩率比较低，受存储空间制约影响比较大，缺乏一定的硬件支持

2.2.2　常见的音频格式

数字音频格式的起源可以追溯到CD技术。CD以其较大的文件尺寸而著称，但随着时间的推移，通过压缩技术的应用，诞生了多种适合在计算机和便携式设备上播放的音频格式，例如，MP3和WMA。这些经过压缩的音频格式分为无损压缩和有损压缩两种，它们都能在不同程度上减小文件的体积，而有损压缩通常在减少文件大小方面更为有效。有损压缩和无损压缩的区别在于，经过压缩处理后，新的音频文件在声音信号的保留程度上是否与原始的数字音频信号有所差异。

数字音频格式的兴起满足了音频复制、存储和传输的需求，相较于早期的模拟音频格式，后者在复制过程中容易出现失真，并且随着介质的磨损而逐渐失效。自CD技术开始普及以来，数字音频文件逐渐成为主流。随着互联网的兴起，人们对于远距离传输文件的需求日益增长，在网络带宽的限制下，减小文件体积的需求变得尤为迫切，这些外部因素催生了有损压缩数字音频格式的发展。从技术发展的内部因素来看，计算机运算能力和编码技术的进步，以及声学、心理学研究的深入，共同推动了各种有损压缩数字音频算法和格式的诞生与完善。

下面介绍几种常见的数字音频文件格式。

1. CD 格式

扩展名是.cda。标准CD格式是44.1 kHz的采样频率，速率88 KB/s，16位量化位数。CD音频近似无损，它的声音基本上忠于原声，它能让用户感受到天籁之音。其特点如下：

（1）高保真音质：CD格式提供高保真的音质，因为它是基于无损的数字音频数据。

（2）兼容性：CD可以被刻录成数据光盘，用于存储各种类型的文件。

（3）标准化：CD格式是全球统一的音频存储标准，几乎所有的音频播放器和汽车音响系统都能播放CD。

2. WAV（waveform audio file）格式

扩展名是.wav。WAV格式是微软公司开发的一种声音文件格式，也称波形声音文件，是最早的数字音频格式。标准格式化的WAV文件和CD格式一样，也是44.1 kHz的采样频率，16位量化位数。WAV的音质和CD相差无几，但WAV格式音频文件的大小比较大，不便于交流和传播。其特点如下：

（1）无损质量：WAV格式提供无损的音频质量，保留完整的音频信息。

（2）文件大小较大：由于音质无损，WAV文件通常比压缩格式大得多。

（3）专业音频编辑：常用于专业音乐制作和编辑，支持高清晰度音频。

3. APE（由Monkey's Audio压缩）格式

扩展名是.ape。APE是一种新兴的无损音频编码，可以提供50%～70%的压缩比，APE的文件大小大概为CD的一半，可以节约大量的资源。它可以做到真正的无损，而不是听起来无损，压缩比也要比类似的无损格式要好。APE格式常用于音乐爱好者和音频专业人士，他们需要保留音频文件的原始质量。

其特点如下：

（1）无损压缩：APE是一种无损音频压缩格式，这意味着它在压缩音频数据时不会丢失任何信息。

（2）音质保真：由于其无损的特性，APE格式在音频播放时能够重现原始录音的精确音质。

（3）文件大小较大：相比于有损压缩格式如MP3或AAC，APE文件通常较大，因为它保留了完整的音频数据。

（4）兼容性问题：APE格式不像MP3或AAC那样广泛支持，因此可能不适用于所有音频播放器或设备。

4. FLAC（free lossless audio codec）格式

扩展名是.flac。FLAC是一种无损压缩音频格式，是专门针对音频的特点设计的压缩方式，音频经过压缩后不会有任何质量损失，拥有更大的压缩比率。由于其本质上是无损的，因此不会像MP3、AAC和Vorbis音频格式那样从音频流中删除信息。如果将任何音频文件编码为FLAC，则文件大小将减少约40%～50%，从而减少存储要求。其特点如下：

（1）无损压缩：FLAC提供无损音质，同时减少文件大小。

（2）音质优越：适合音质要求高的应用，如高保真音乐播放。

（3）不如WAV通用：虽然音质优越，但兼容性不如WAV广泛。

5. AIFF（audio interchange file）格式

扩展名是.aiff或.aif。AIFF是一种由Apple开发的无损音频文件格式。它最初是在1988年为Macintosh计算机设计的，目的是存储和交换高质量的音频数据。其特点如下：

（1）无损质量：类似于WAV，AIFF提供无损的音频质量。

（2）苹果公司开发：广泛支持苹果的操作系统和软件。

（3）文件较大：由于无损质量，AIFF文件的大小相对较大。

6. MP3（moving picture experts group audio layer Ⅲ）格式

扩展名是.mp3。MP3格式是当今较流行的一种数字音频编码和有损压缩格式，它是国际标准化组织（ISO）制定的MPEG-1标准的一部分，后来也被纳入MPEG-2标准。采样率16～48 kHz，编码速率8 KB/s～1.5 MB/s。其特点如下：

（1）广泛使用：MP3是最常见的音频格式之一，广泛应用于数字音乐播放。

（2）有损压缩：MP3使用有损压缩来减少文件大小，牺牲一部分音质。

（3）兼容性强：几乎所有的音频播放设备和应用程序都支持MP3格式。

7. WMA（windows media audio）格式

扩展名是.wma。WMA由微软开发。音质要强于MP3格式，更远胜于RA格式，它以减少数据流量但保持音质的方法来达到比MP3更高压缩率的目的，WMA的压缩率一般可以达到1∶18，但其压缩算法比较复杂且封闭。其特点如下：

（1）压缩率高：WMA格式提供了较高的压缩率，可以在保持音质的同时大幅度减少文件大小。

（2）音质：在相同的比特率下，WMA通常能提供比MP3更好的音质。

（3）版权保护：WMA格式支持数字版权管理（DRM），可以限制播放时间和播放次数，甚至播放的机器等，有效地保护了版权所有者的权益。

8. OGG（ogg vorbis）格式

扩展名是.ogg。OGG是一种新的音频压缩格式，类似于MP3等的音乐格式。但有一点不同的是，它是完全免费、开放和没有专利限制的。OGG还有一个特点是支持多声道。其特点如下：

（1）开源格式：ogg vorbis是一种免费开源的音频压缩格式。

（2）有损压缩：提供良好的压缩比，同时保持可接受的音质。

（3）用于游戏和应用程序：常用于视频游戏和一些应用程序中。

9. M4A（MPEG 4 audio）格式

扩展名是.m4a。M4A使用AAC（高级音频编码）或ALAC（Apple无损音频编解码器）编解码器实现高效压缩和高音质。与MP3相比，M4A在较低比特率下提供更好的音频质量，非常适合在Apple设备上购买和存储音乐。M4A是MPEG-4容器的一部分，主要用于存储歌曲、有声读物和播客等音频内容。M4A文件可以支持两种类型的编码：ALAC用于无损压缩，保留所有原始音频数据；AAC用于有损压缩，在保持良好音质的同时减少文件大小。其特点如下：

（1）高效压缩：M4A是一种基于AAC的文件格式，提供高效的音频压缩。

（2）苹果生态兼容：M4A与Apple设备和软件（如iTunes、iPhone、iPad）兼容，适合在这些设备上使用。

（3）平衡文件大小和音质：相对于MP3，提供了更好的音质和更小的文件大小。

10. RA（real audio）格式

扩展名是.ra。RA是一种流式压缩音频格式，主要是为了解决网络传输、带宽资源而设计的，它可以一边读一边播放，能实现数据的实时传送和播放。其特点如下：

（1）**流媒体技术**：RA格式设计用于在网络上实时传送和播放音频，适合在线播放和流媒体应用。

（2）**压缩比例高**：RA文件的压缩比较高，可以在保证音质的前提下减少文件大小，适合带宽有限的网络环境。

2.3 音频编辑与处理

2.3.1 常用的音频编辑软件

音频编辑软件使得音频处理变得轻而易举。目前市面上有五种广受好评的音频编辑工具，包括Adobe Audition、Adobe Soundbooth、GoldWave、Ease Audio Converter和Super Video To Audio Converter。这些软件不仅专业且实用，而且用户友好，能够显著提升音频编辑的效率。

1. Adobe Audition

Adobe Audition是一款专为音频和视频专业人士设计的高端音频编辑软件，前身为Cool Edit Pro。Adobe Audition专为在照相室、广播设备和后期制作设备方面工作的音频和视频专业人员设计，可提供先进的音频混合、编辑、控制和效果处理等功能。

2. Adobe Soundbooth

Adobe Soundbooth软件为网页设计师、视频编辑师和其他创意专业人士提供了一套工具，用于润饰声音、优化音乐和音效等。它旨在为网页和视频工作流程提供高质量的音频，能够快速录制、编辑和创作音乐。该软件与Flash和Adobe Premiere Pro紧密集成，使用户能够轻松去除录音中的噪声，修饰配音，并为作品选择合适的背景音乐。

3. GoldWave

GoldWave是一款功能强大的数字音乐编辑器，集音频编辑、播放、录制和转换功能于一身。它还能够转换音频内容的格式，满足不同场景的需求。

4. Ease Audio Converter

Ease Audio Converter是一款专业的音频文件处理工具，支持音频文件的压缩与解压缩，能够将音频转换成WAV格式，或者将压缩文件转换为CD质量的WAV文件。

5. Super Video To Audio Converter

Super Video To Audio Converter是一款专门从视频中提取音频的实用工具。它支持从多种视频格式（如AVI、MPEG、VOB、WMV/ASF、DAT、RM/RMVB、MOV）文件中提取音频，并将其保存为MP3、WAV、WMA或OGG等音频格式。

2.3.2 Audition 软件编辑音频

1. 工作界面

Adobe Audition启动后在工作界面的左上方包含了多轨视图、编辑视图和CD视图的切换按钮，在多轨视图中可以同时显示和编辑多个音轨，并且可以将所有的音轨混缩成为一个音频文件；在编辑视图（波形视图）中可以独立编辑一段声音波形，添加各种声音特效；CD视图主要是用于刻录CD光盘的。Adobe Audition中的多轨视图和波形视图如图2-3-1和图2-3-2所示。

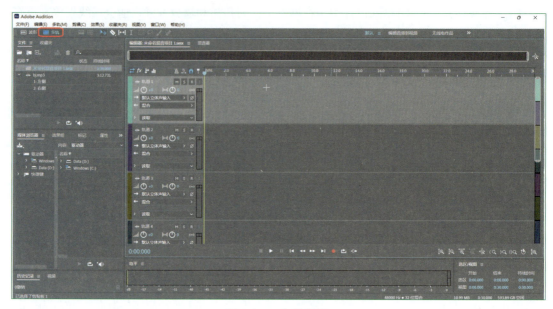

图 2-3-1　多轨视图

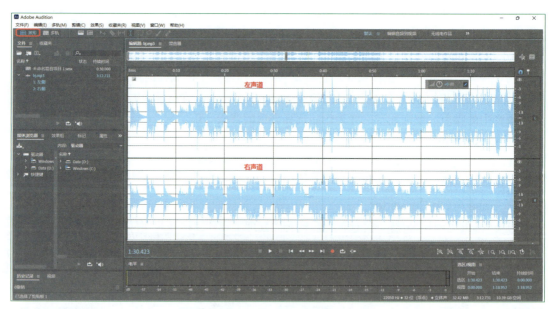

图 2-3-2　波形视图

2. 声音录制

使用Adobe Audition可以录制从麦克风输入的声音，也可录制计算机中其他播放器通过声卡播放的音乐。单击"编辑"面板中的"录制"按钮即可录制，如图2-3-3所示。

第 2 章 数字音频

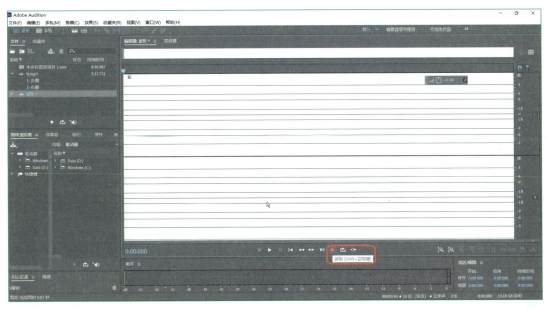

图 2-3-3 "编辑"面板进行录制

如果想要建立一个音频文件，执行"文件"|"新建"|"音频文件"命令，打开"新建音频文件"对话框，如图2-3-4所示，在"新建音频文件"对话框中选择采样率、声道和位深度。

音频编辑完成之后，对音频文件进行保存时，两种视图的保存方式不同，在波形视图下执行"文件"|"另存为"命令，打开"另存为"对话框，如图2-3-5所示；在多轨视图下执行"文件"|"导出"|"多轨混音"|"整个会话"命令，打开"导出多轨混音"对话框，如图2-3-6所示。在"导出多轨混音"对话框中修改"文件名""位置""格式"。

图 2-3-4 "新建音频文件"对话框

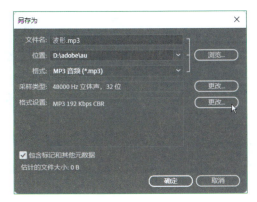

图 2-3-5 "另存为"对话框（波形）

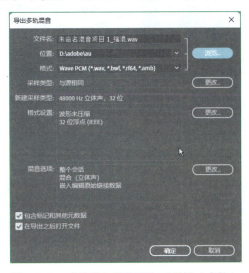

图 2-3-6 "导出多轨混音"对话框（多轨）

3. 波形处理

Adobe Audition可以对声音波形直接进行复制、剪切、剪裁、删除等编辑操作。在进行编辑操作之前首先需要选定波形。

波形处理的具体步骤如下：

（1）选择声道：执行"编辑"|"启用声音"中的子命令来选择左声道或右声道，如图2-3-7所示。

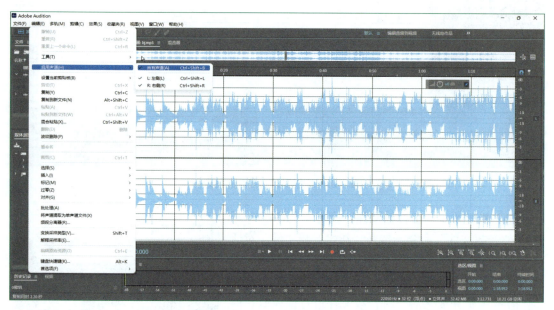

图 2-3-7　选择声道

（2）选择波形：利用鼠标的拖动可以直接选中所需要的波形，如图2-3-8所示。

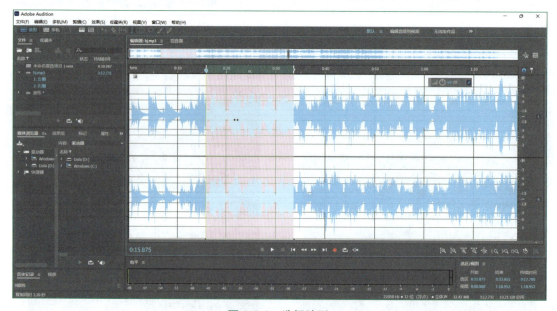

图 2-3-8　选择波形

(3)复制或剪切波形：选中要剪裁的波形段，然后执行"编辑"菜单中的相关命令即可，如图2-3-9所示。

(4)粘贴波形：光标定位，执行"编辑"|"粘贴"命令即可。

(5)删除波形：选择相应的波形后，直接按【Delete】键或执行"编辑"|"删除"命令即可。

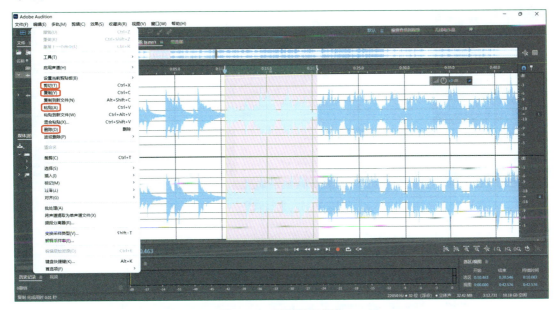

图 2-3-9　波形处理操作

(6)音量调整：全选或选择部分波形，然后执行"效果"|"振幅与压限"|"标准化处理"命令，在弹出的"标准化"对话框中设置"标准化为"的值，如图2-3-10所示。

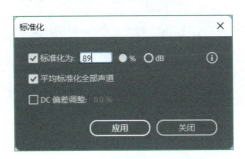

图 2-3-10　"标准化"对话框

4. 声音降噪

在录制声音的时候，由于种种原因，总会出现一些噪声，因此在录制的时候，往往建议先空录几秒，目的是采集环境噪声的样本，为降噪作好准备。

降噪步骤如下：

(1)选择噪声部分，准备对其进行采样。

(2)右击选择的噪声样本，执行"捕捉噪声样本"命令，选择噪声样本，如图2-3-11所示。

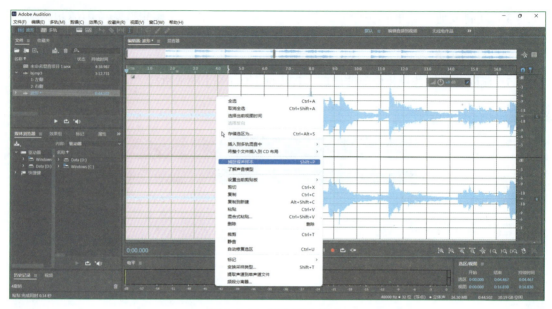

图 2-3-11 捕捉噪声样本

（3）执行"效果"|"降噪/恢复"|"降噪（处理）"命令，打开"效果-降噪"对话框，如图2-3-12所示，调整"降噪"比例，单击"应用"按钮即可。

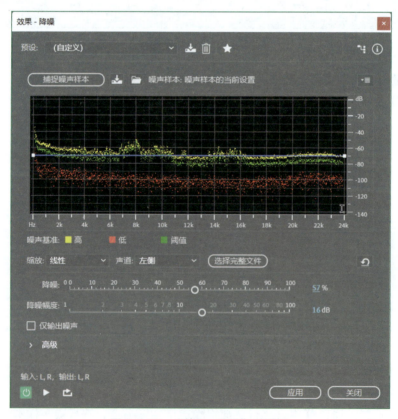

图 2-3-12 "效果 - 降噪"对话框

5. 声音混编

所谓声音混编，就是将两个或多个声音波形段进行混合。如制作配乐诗朗诵、音乐合成、电影配音等，在Adobe Audition又称为多轨合成。

2.4 数字音频的应用

2.4.1 音频处理应用领域

音频处理技术已经成为现代世界中不可或缺的一部分，它在多个行业中扮演着关键角色，其应用范围涵盖了众多领域。在通信领域，它确保了手机通话和视频会议中的语音清晰度，同时在语音助手中实现了准确的语音识别。音乐产业也依赖于音频处理来录制、混音和制作音乐，为听众带来无与伦比的听觉盛宴。广播和电视行业利用这些技术来平衡声音、抑制噪声、消除回声，从而提升节目的音质和整体欣赏体验。

在录音和存储方面，音频处理技术通过降噪、增益控制和压缩等手段，帮助我们获取更高质量的音频记录，并有效地减少了存储空间的需求。汽车音响系统通过均衡器调节、环绕声效果和噪声控制等优化措施，为驾驶者和乘客提供了定制化的音频体验。虚拟现实（VR）和增强现实（AR）技术的发展，更是离不开音频处理技术的贡献，它通过3D音效、空间定位和环境模拟，极大地增强了用户的沉浸感。

医疗领域，特别是辅助听力设备和听觉康复，也得益于音频处理技术的应用，它包括数字助听器、噪声掩蔽和听力损失补偿等功能。此外，安防和监控系统也依赖于音频处理技术来进行有效的语音识别、事件检测和声音分析，提高了环境监测和警报的效率。

随着科技的不断进步，音频处理技术的应用前景无限广阔，它将继续在现有领域深化应用，并在新的领域展现其潜力。

2.4.2 语音合成与语音识别

语音处理包括两方面的内容：一是使人们能用语音来代替键盘输入和编辑文字，也就是使计算机具有"听懂"语音的能力，这是语音识别技术；二是要赋予计算机"讲话"的能力，用语音输出结果，这是语音合成技术。

1. 语音识别技术

语音识别技术，也被称为自动语音识别。简单来说就是让机器能够"听懂"人类的语音，将人类的语音数据转化为可读的文字信息。语音识别技术所涉及的领域包括信号处理、模式识别、概率论和信息论、发声机理和听觉机理、人工智能等。

语音识别系统如图2-4-1所示，主要由四部分组成：信号处理和特征提取、声学模型（AM）、语言模型（LM）和字典与解码搜索部分。

随着人工智能技术的发展，人与机器用自然语言进行对话的梦想逐步实现。目前的智能语音识别还存在着相当大的提升空间。未来语音识别领域包括但不限于以

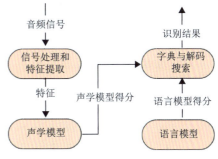

图 2-4-1　语音识别系统

下四个研究方向：

（1）更有效的序列到序列直接转换的模型；

（2）鸡尾酒会问题，即在具有背景噪声干扰的情况下，将注意力集中在某一个人的谈话；

（3）持续预测与适应的模型，根据已有识别结果来优化后续的识别效果；

（4）前后端联合优化，用机器学习技术可以来整合、优化，提高语音识别的准确度。

可以预测在未来十年内，语音识别系统的应用将更加广泛。各种各样的语音识别系统产品将出现在市场上。人们也将调整自己的说话方式以适应各种各样的识别系统。

2. 语音合成技术

声音合成技术是将文本利用计算机技术来转换为自然语音流，产生和输出声音，让机器开口说话，主要包括语音、音效和音乐等内容的合成。换句话说就是赋予机器"讲话"的能力，用语音来输出结果，主要有以下几种技术：

（1）TTS语音合成：即"从文本到语音"，是人机对话的一部分，让机器能够说话。

（2）在线语音合成：在线语音合成云平台，其中，国内最具代表性的是百度AI开放平台和科大讯飞开放平台。

（3）音乐合成：是一种能够将各种乐器音频转换合成的音乐合成工具，支持实时进行编辑及试听，主要应用于影视剧背景音乐、游戏音效、语音广告等的制作。

习 题

一、单选题

1. 利用Adobe Audition进行录音前先连接好麦克风，录音时新建文件，设置（　　）、声道数、位深度等参数。
   A. 周期　　　　B. 采样率　　　　C. 频率　　　　D. 失真度

2. 在录制语音时，一般都要先空录几秒钟，以下说法正确的是（　　）。
   A. 便于后续语音文件编辑　　　　B. 便于提供噪声样本
   C. 等待语音录制设备稳定　　　　D. 等待录制人的情绪稳定

3. 声音有三要素：音调、音强和音色。其中音强和（　　）有关。
   A. 波形　　　　B. 振幅　　　　C. 频率　　　　D. 响度

4. 人类听觉的声音频率范围为（　　）。
   A. 300 Hz～3 kHz　　　　B. 200 Hz～3.4 kHz
   C. 10 Hz～40 kHz　　　　D. 20 Hz～20 kHz

5. 频率是声音的三个物理量之一，其单位是（　　）。
   A. Hs　　　　B. Hz　　　　C. dB　　　　D. Pa

6. 原始数字音频的质量和（　　）无关。
   A. 压缩率　　　　B. 采样位数　　　　C. 采样频率　　　　D. 声道数

7. A/D转换器的功能是将（　　）。
   A. 声音转换为模拟量　　　　B. 模拟量转换为数字量
   C. 数字量转换为模拟量　　　　D. 数字量和模拟量混合处理

8. 立体声双声道采样频率为 44.1 kHz，量化位数为 16 位，10 min 这样的音乐所需要的存储量可按公式计算是（　　）。
   A. 44.1×1 000×16×2×10×60/8 字节
   B. 44.1×1 000×16×2×10×60/16 字节
   C. 44.1×1 000×8×2×10×60/8 字节
   D. 44.1×1 000×8×2×10×60/16 字节
9. 在多媒体中，常用的标准采样频率为（　　）。
   A. 44.1 kHz　　B. 88.2 kHz　　C. 20 kHz　　D. 10 kHz
10. 将文本转换为自然语音流，让机器开口说话的技术是（　　）。
    A. 语音存储技术　　　　　　B. 虚拟现实技术
    C. 语音识别技术　　　　　　D. 语音合成技术

二、多选题

1. 下列选项中是计算机中使用的声音文件的是（　　）。
   A. WAV　　B. TIF　　C. MP3　　D. MIDI
   E. OGG　　F. WMA　　G. JPG
2. 以下音频格式中，属于无损格式的是（　　）。
   A. MP3　　B. OGG　　C. WMA　　D. WAV
   E. FLAC　　F. M4A　　G. CDA
3. 语音识别系统的组成部分主要包含（　　）。
   A. 声音提取　　B. 特征提取　　C. 音效提取　　D. 语言模型
   E. 预处理　　F. 字典与解码　　G. 声学模型
4. 在多媒体中，常用的标准采样频率为（　　）。
   A. 44.1 kHz　　B. 88.2 kHz　　C. 20 kHz　　D. 15 kHz
   E. 8 kHz　　F. 22.05 kHz　　G. 48 kHz
5. 以下编码方案中，（　　）属于无损压缩的编码。
   A. Huffman 编码　　B. 脉码调制　　C. 线性预测编码　　D. 行程编码
   E. 波形编码　　F. 算术编码　　G. 字典编码

第 3 章
数字视频

学习目标

◎ 掌握数字视频相关的基本知识。
◎ 熟悉 Premiere Pro 2024 的工作界面。
◎ 掌握 Premiere 影视编辑的工作流程。
◎ 熟悉智能视频处理与创作。
◎ 熟悉基于 AI 的视频编辑辅助工具。

学习重点

◎ 数字视频的基础知识。
◎ 视频的基本概念。
◎ 时间轴和序列管理。
◎ 视频素材和音频素材的剪辑。
◎ 智能视频剪辑和调色。

数字视频是以数字形式记录的视频,数字视频的发展与计算机的发展息息相关。随着计算机进入多媒体时代,各种计算机外设产品日益齐备,数字影像设备争奇斗艳,视频处理硬件与软件技术高度发展,这些都为数字视频的流行起到了促进作用。Premiere 是一款功能强大、非线性编辑的视频编辑软件,主要用于视频段落的组合和拼接,并且能提供一定的特效与调色功能。该软件是目前国内主流的视频编辑软件之一,广泛应用于影视剧、栏目包装、广告片、宣传片、短视频制作等后期剪辑。

3.1 Premiere 视频编辑基础

3.1.1 视频编辑中常见的概念

1. 帧和帧速率

帧是影像动画中最小单位的单幅影像画面,相当于电影胶片上的每一格镜头。一帧就是一幅静止的画面,连续的帧就形成动画,如电视图像等。视频帧速率(frame rate)是用于测量显示数的量度,测量单位为每秒显示帧数(FPS)。由于人类眼睛的特殊生理结构,如果所看画面的帧速率高于16,就会认为是连贯的,此现象称为视觉停留。高的帧速率可以得到更流畅、更逼真的动画。一般来说,30帧/s就是可以接受的,但是将性能提升至60帧/s则可以明显提升交互感和逼真感,但是一般来说超过75帧/s就不易察觉到明显的流畅度提升。

2. 像素

像素是图像编辑中的基本单位。像素是一个个有色方块,图像由许多像素以行和列的方式排列而成。文件包含的像素越多,其所含的信息也越多,所以文件越大,图像品质也就越好。

3. 场

视频素材分为交错式和非交错式。交错视频的每一帧由两个场(field)构成,称为场1和场2,也称为奇场(odd field)和偶场(even field),在Premiere中称为上场(upper field)和下场(lower field),这些场依顺序显示在NTSC或PAL制式的监视器上,产生高质量的平滑图像。

4. SMPTE 时间码

通常用时间码来识别和记录视频数据流中的每一帧,从一段视频的起始帧到终止帧,其间的每一帧都有一个唯一的时间码地址。根据SMPTE使用的时间码标准,其格式是小时、分钟、秒或者hours、minutes、seconds、frames。例如,一段长度为01.02.34:15的视频播放时间为1小时2分钟34秒15帧,如果以30帧/s的速率播放,则播放时间为1小时2分钟34.5秒。

5. 视频格式

视频技术最早是为了电视系统而发展的,但是在现代社会中,视频技术已经逐步发展为各种不同的格式,以便用户对视频进行记录。不同格式的视频文件具有不同的扩展名、编码格式和特点。下面介绍几种常见的视频格式。

1) AVI

AVI(audio video interleaved,音频视频交错)是由微软公司发表的视频格式,在视频领域是最悠久的格式之一。AVI格式调用方便、图像质量好,压缩标准可任意选择。是应用最广泛,也是应用时间最长的格式之一。

2) MPEG

MPEG(motion picture experts group,运动图像专家组)格式包括MPEG-1、MPEG-2和MPEG-4在内的多种视频格式。MPEG-1被广泛地应用在VCD的制作和一些视频片段下载的网络应用上,使用MPEG-1压缩算法,可以把一部120 min长的电影压缩到1.2 GB左右。MPEG-2则应用在DVD的制作上,同时在一些HDTV(高清晰电视广播)和一些高要求视频编辑、处理上也有相当多的应用。使用MPEG-2的压缩算法压缩一部120 min长的电影可以压缩到5~8 GB的大小,而MPEG-4可压缩到300 MB左右以供网络播放。

3) MOV

MOV(movie digital video technology)格式,即QuickTime封装格式,能够跨平台、存储空间要求小,因此得到了业界的广泛认可,目前已成为数字媒体软件技术领域的事实上的工业标准。另外,MOV文件格式支持25位彩色,支持领先的集成压缩技术,提供150多种视频效果,并配有提供了200多种MDI兼容音响和设备的声音装置。

4）FLV

FLV（flash video）流媒体格式是随着Flash MX的推出而开发出的一种新兴的视频格式。FLV文件体积小巧，1 min清晰的FLV视频大小为1 MB左右，一部电影在100 MB左右，是普通视频文件体积的1/3。再加上其CPU占有率低、视频质量良好等特点，使其在网络上非常流行。

5）DV

DV（digital video format）是由索尼、松下、JVC等多家厂商联合提出的一种家用数字视频格式，目前非常流行的数码摄像机就是使用这种格式记录视频数据的。它可以通过IEEE 1394端口传输视频数据到计算机，也可以将计算机中编辑好的视频数据回录到数码摄像机中。这种视频格式的文件扩展名一般是.avi，所以又称DV-AVI格式。

6）WMV

WMV视频格式由Microsoft设计，并广泛用于Windows媒体播放器中。WMV格式可提供比MP4更好的压缩小文件。这个优势使它在在线视频流中很受欢迎。尽管它与苹果设备不兼容，但用户可以为iPhone或Mac下载Windows Media Player。

7）WebM

WebM由Google于2010年首次引入，是一种开放源代码视频格式，是在考虑互联网当前和未来状态的基础上开发的。WebM适用于HTML5。WebM的视频编解码器只需很少的计算机功能即可压缩和解压缩文件。此设计的目的是使几乎所有设备（例如平板电脑、台式机、智能手机或智能电视等设备）上的在线视频流式传输成为可能。

8）MKV

MKV文件格式在单个文件中合并了音频、视频和字幕。MKV格式是为了将来的使用而开发的，这意味着视频文件将始终保持更新。MKV容器几乎支持任何视频和音频格式，从而使该格式具有高度自适应性与易用性。

6. 线性编辑和非线性编辑

影视后期制作的核心环节在于编辑。从磁带录像机出现开始，就诞生了基于磁带的线性编辑方式。伴随计算机技术、多媒体技术和视频信号压缩技术的发展，逐渐出现了以计算机为平台、硬盘为存储介质的非线性编辑。非线性编辑以其灵活性和高效率进入电视制作领域，受到了业内的广泛欢迎。在实际应用中，根据节目制作的需求，可以选择线性编辑、非线性编辑或两者结合，从而提升效率。

1）线性编辑

传统的磁带和电影胶片的编辑方式是由录像机通过机械运动使用磁头将25帧/s的视频信号顺序记录在磁带上，在编辑时必须顺序寻找所需的视频画面。线性编辑即磁带的编辑方式，它是利用电子手段，根据节目内容的要求，将素材连接成新的、连续画面的技术。

线性编辑的缺点在于不能删除、缩短或者加长中间的某一段画面，除非将该段之后的画面全部抹去重新录制。线性编辑具有以下几个特点。

（1）技术成熟、操作简单。线性编辑使用编放机、编录机，直接对录像带的素材进行操作，操作直观、简洁、简单。使用组合编辑插入编辑，图像和声音可分别进行编辑，再配上字幕机、特技器、时基校正器等，能满足制作需要。

（2）节目制作较麻烦。由于素材的搜索和录制都需要按时间顺序进行，因此在录制过程中就要在前卷、后卷中反复地寻找素材，不但浪费时间和精力，而且也容易对磁头、磁带造成相应的磨损。另外，使用线性编辑系统进行编辑工作时，只能按照顺序进行，先编前一段，再编下一段。这样，如果要在原来编辑好的节目中插入、修改、删除素材，就要严格受到预留时间、长度的限制，无形中给节目的编辑增加了许多麻烦。如果没有很长的工作时间，便难以创作出艺术性强、加工精美的电视节目。

（3）连线较多、投资较高、故障率较高。线性编辑系统主要包括编辑录像机、编辑放像机、遥控器、字幕机、特技台、时基校正器等设备。这一系统的投资比同功能的非线性编辑设备较高，且连接用的导线（如视频线、音频线、控制线等）较多，比较容易出现故障，从而导致维修量增大。

2）非线性编辑

非线性编辑是直接从计算机的硬盘中以帧或者文件的方式迅速、准确地存取素材，然后再进行编辑的方法。它是以计算机为平台的专用设备，可以实现多种传统电视制作设备的功能。

在利用该方式进行工作时，素材的长短和顺序可以不按照制作的长短和先后顺序进行，用户可以随意地改变素材的顺序，或者缩短、加长其中的某一段。

与线性编辑相比，非线性编辑具有以下几点优势。

（1）高质量的图像信号。

传统编辑方式一个最棘手的问题就是母带的磨损和"翻版"，素材在检索过程中反复搜索，录像带和磁鼓之间的磨损较大，而且在制作过程中，视频信号经过特技台、字幕机等设备后，信号质量有一定的衰减，导致图像质量不高。而非线性编辑的素材是以数字信号的形式存入计算机的硬盘中。采集时，一般用分量采入，或用SDI采入，信号基本上没有衰减。

非线性编辑的素材采集采用的是数字压缩技术，通过采用不同的压缩比，即可达到控制图像信号质量的目的。

（2）强大的制作功能。

目前，一套非线性编辑的功能往往集录制、编辑特技、字幕、动画等多种功能于一身，而且可以不按照时间顺序编辑，它可以非常方便地对素材进行预览、查找、定位、设置出点、入点；具有丰富的特技功能，可以充分发挥编辑人员的创造力和想象力。

而且，其编辑节目的精度较高，可以做到正负0帧，便于节目内容的交换与交流，任何一台计算机中TAG、BMP、FLC、JPC、WAV等格式的文件都可以在非线性编辑系统中调出使用。另外，一般非线性编辑系统都提供复合、YUV分量、S-VHS、DV、QSDE、CSDE、SDI数字输入输出接口，可以兼容各种视频、音频设备，也便于输出录制成各种格式的资料。

（3）工作可靠性高、功能拓展方便。

随着网络技术的不断发展，电视台内部的网络连接已经广泛应用，网上传送节目、审片、网上编辑等技术已经日趋成熟。非线性编辑系统的应用，对于扩展网上的应用来说前景非常广阔。

由于非线性编辑集多种功能于一身，在实际使用时，就大大减少了传统编辑系统的连线，使故障率降低，而工作可靠性得到提高。

3.1.2　Premiere Pro 2024 基本编辑工作流程

Premiere Pro 2024是Adobe公司出品的一款用于进行影视后期编辑的软件，是数字视频领域普及程度最高的编辑软件之一。本节介绍在Premiere中进行影视编辑的基本工作流程。

1. **收集素材和其他媒体文件**

确定主题，规划制作方案，收集整理素材。Premiere支持MP4、MP3、GIF、MPG、MTS和BWF等多种文件格式。将素材文件保存在计算机或专用存储驱动器中。

2. **检查系统要求**

1）Windows 的最低系统要求

- 处理器：Intel® 第六代或更新版本的CPU，或AMD Ryzen™ 1000系列或更新版本的CPU；需要支持Advanced Vector Extensions 2（AVX2）。
- 操作系统：Windows 10（64位）V22H2或更高版本。
- 内存：8 GB RAM。
- GPU：2 GB GPU内存。
- 存储：8 GB可用硬盘空间用于安装；安装期间所需的额外可用空间（不能安装在可移动闪存存储器上）；用于媒体的额外高速驱动器。
- 显示器：1 920×1 080像素。
- 声卡：与ASIO兼容或Microsoft Windows Driver Model。
- 网络存储连接：1 GB以太网（仅高清）。

2）MacOS 的最低系统要求

- 处理器：Intel®第六代或更新的CPU；需要支持Advanced Vector Extensions 2（AVX2）。
- 操作系统：macOS Monterey（版本12）或更高版本。
- 内存：8 GB RAM。
- GPU：Apple Silicon：8 GB统一内存。
- Intel：2 GB GPU内存。
- 存储：8 GB可用硬盘空间用于安装；安装期间所需的额外可用空间（不能安装在可移动闪存存储器上）；用于媒体的额外高速驱动器。
- 显示器：1 920×1 080像素。
- 网络存储连接：1 GB以太网（仅HD）。

3. **启动新项目或打开现有项目**

要创建新项目，选择"新建项目"，新建指定格式的合成序列。要打开现有项目，选择"打开项目"。如果与他人协作，则通过选择新建团队项目来创建新的团队项目。

4. **导入视频和音频**

使用媒体浏览器导入视频和音频，或使用动态链接引入来自After Effects、Photoshop或Illustrator的资源。

5. **组合和优化序列**

从项目面板拖动素材，可将其添加至时间轴面板中的序列。在序列的时间轴窗口中编排素材的时间位置、层次关系。

6. **编辑视频**

剪切或拆分素材以移除多余的部分，并创建原始素材的新独立实例。在时间轴上构建粗剪序列后，修剪剪辑以优化编辑和时间。

7. 添加字幕

编辑影片标题文字和字幕。从Premiere中选择现有的动态图形模板，或使用节目监视器中的文字工具直接创建字幕。最后将字幕另存为动态图形模板，以便重复利用和共享。

8. 添加过渡和效果

在时间轴的素材之间添加效果或过渡。从效果面板拖动所需的效果或过渡到时间轴，然后使用效果控件面板调整效果、持续时间和对齐方式。

9. 编辑颜色

使用RGB和色相饱和度曲线优化外观，使用色轮调整阴影、中间调和高光，应用LUT并对光线进行技术校正，进行色调映射等。

10. 混合音频

加入需要的音频素材，并编辑音频效果。常见的音频编辑操作包括"将音频与视频同步"或"减少背景噪声"。

11. 更改持续时间和速度

设置视频或音频剪辑的持续时间，通过加速或降速的方式调整其持续时间。可用的选项有"速度/持续时间"命令、比率拉伸工具和时间重映射功能。

12. 导出

预览检查编辑好的影片效果，对需要的部分进行修改整理，渲染输出影片。

3.1.3 Premiere Pro 2024 的工作界面

打开Premiere Pro 2024软件，在软件主页界面中单击"新建项目"按钮，进入"新建项目"对话框。在"名称"文本框中设置文件名为"initial"，在"位置"文本框中输入新建项目所保存的文件夹，其他为默认设置。单击"确定"按钮，进入Premiere工作界面。

选择"文件"|"导入"命令，将素材文件夹内的"bnsd.mp4"素材导入项目面板中，并将素材拖动到"时间轴"面板中，如图3-1-1所示。

图 3-1-1　Premiere Pro 2024 操作界面

1. 菜单栏

菜单栏位于标题栏下面,包含"文件""编辑""剪辑""序列""标记""图形和标题""视图""窗口"和"帮助"9个菜单,为基本操作和编辑功能提供快捷入口。

2. 项目窗口

项目窗口用于存放创建的序列、素材和导入的外部文件,支持查看、组织和管理素材,如图3-1-2项目窗口所示。

图 3-1-2　项目窗口

(1) 素材预览区:显示当前选中素材的详细信息。

(2) 列表视图:单击可将项目窗口中素材目录以列表形式显示。

(3) 图标视图:单击可将素材目录以图标形式显示。

(4) 缩放控制栏:通过拖动滑块来缩放素材图标的大小。

(5) 排序:在图标模式下,可根据素材属性(如名称、媒体类型)对素材进行排序。

(6) 自动匹配序列:在项目窗口中选取要加入序列中的一个或多个素材对象时,执行此命令,在打开的"序列自动化"对话框中设置需要的选项,可将所选对象全部加入目前打开的工作序列中所选轨道对应的位置。

(7) 搜索:通过关键字搜索素材。

(8) 新建素材箱:创建一个新的素材文件夹,用于归类素材。

(9) 新建项:可创建序列、项目快捷方式、脱机文件等。

(10) 清除:可删除选中素材,不影响源文件。

3. 源监视器窗口

用于查看或播放预览的原始内容,方便观察对其进行编辑后的对比变化。可将项目窗口的素材直接拖到源监视器窗口,或双击已加入时间轴窗口中的素材,如图3-1-3所示。

4. 节目监视器窗口

可以对合成序列的编辑效果进行实时预览,也可以对素材进行移动、变形、缩放等操作,如图3-1-4所示。

第 3 章 数字视频

图 3-1-3　源监视器窗口

图 3-1-4　节目监视器窗口

（1）添加标记：在时间指针位置添加标记，用于快速定位和注释。

（2）标记入点：将时间标尺所在位置标记为素材的入点。：可跳转到入点。

（3）标记出点：将时间标尺所在位置标记为素材的出点。：可跳转到出点。

（4）后退一帧（左侧）：逐帧后退；前进一帧（右侧）：逐帧前进。

（5）播放/暂停：控制素材的播放状态。

（6）提升：从时间轴中移除素材，同时将其保留在项目中。

（7）提取：调整素材的位置而不影响其他剪辑。

（8）导出帧：将节目监视器中的当前帧导出为图像文件。

（9）比较视图：以并排的方式比较两个不同版本的素材或序列，帮助用户查看效果的差异。

（10）切换代理：在使用代理素材时切换回原始素材或代理素材。

5. 时间轴窗口

在时间轴上排列素材片段并管理各轨道，为素材添加特效等操作，如图3-1-5所示。

图 3-1-5　时间轴窗口

（1）00:00:00:00 播放指示器：显示当前播放位置，可拖动进行调整。单击该时间码，进入其编辑状态并输入需要的时间码位置，即可将指针定位到需要的时间位置。

（2）将序列作为嵌套或个别剪辑插入并覆盖：如果该按钮是按下状态，当序列B加入序列A中时，序列B将以嵌套方式作为一个单独的素材剪辑被应用；如果该按钮未按下，序列B中所有素材剪辑将保持相同的轨道设置添加到序列A中。

（3）在时间轴中对齐：在时间轴窗口中移动或修剪素材到接近时，被移动或修剪的素材将自动靠拢并对齐到时间指针当前的位置，以便通过准确的调整，使两个素材首尾相连。

（4）添加标记：在时间标尺上时间指针当前的位置添加标记。

（5）时间轴显示设置：可在弹出菜单中选中对应命令。

（6）切换轨道输出：可隐藏或显示该轨道所有内容的输出。

（7）切换轨道锁定：可将轨道内容锁定，不能再被编辑和删除。

（8）静音轨道：可将切换成的音频内容变成静音。

（9）独奏轨道：选中状态时只输出该轨道的音频内容，其他未设置的轨道变为静音。

（10）画外音录制：选中状态时可进行录音。

6. 工具面板

工具面板包含一些在进行视频编辑操作时常用的工具。

（1）选择工具：对素材进行选择、移动以及调节素材关键帧，为素材设置入点和出点等操作。

（2）向后选择轨道工具：用于选择当前轨道上的素材。

（3）波纹编辑工具：可以拖动素材的出点以改变素材的长度，而相邻素材的长度不变，项目片段的总长度不变。

（4）剃刀工具：可在素材上需要分割的位置单击，将素材分成两段。

（5）外滑工具：用于改变一段素材的入点和出点，保持其总长度不变，并且不影响相邻的其他素材。

（6）钢笔工具：主要用于设置素材的关键帧。

（7）矩形工具：用于创建背景、图形元素或遮罩，便于在视频中突出显示特定内容。

（8）■手形工具：用于改变时间轴窗口的可视区域，有助于编辑一些较长的素材。
（9）■文字工具：用于在视频中添加文本。

7. "效果"面板

"效果"面板集合了预设动画特效、音频效果、音频过渡、视频效果和视频过渡类特效，用户可以方便地为时间轴窗口中各种素材添加特效，如图3-1-6所示。

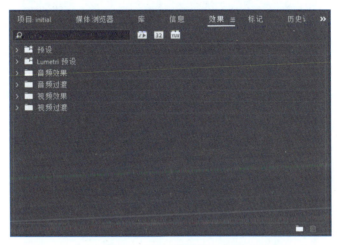

图 3-1-6 "效果"面板

8. "元数据"面板

"元数据"面板可以查看所选素材编辑的详细文件信息以及剪辑中的Adobe Story脚本内容，如图3-1-7所示。

图 3-1-7 "元数据"面板

9. "音频剪辑混合器"面板

"音频剪辑混合器"面板用于对序列中素材剪辑的音频内容进行各项处理，实现多个音频的混合、增益调整等多种音频编辑操作，如图3-1-8所示。

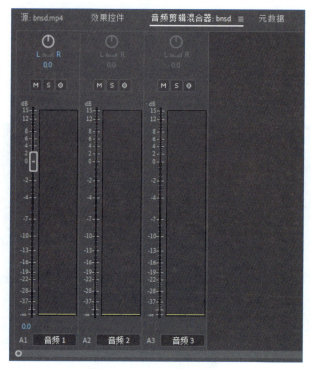

图 3-1-8 "音频剪辑混合器"面板

10. "媒体浏览器"面板

使用"媒体浏览器"面板,可以直接在Premiere中查看计算机磁盘中指定目录下的素材文件,也可以将素材直接添加到当前剪辑项目中的序列中使用,如图3-1-9所示。

图 3-1-9 "媒体浏览器"面板

11. "信息"面板

"信息"面板用于显示所选素材剪辑的文件名、类型、入点和出点、持续时间等信息,以及当前序列的时间轴窗口中时间指针的位置、各视频或音频轨道中素材的时间状态等信息,如图3-1-10所示。

图 3-1-10 "信息"面板

12. "历史记录"面板

"历史记录"面板记录了从建立项目以来的所有操作。如果进行了错误操作，或需要回到多个操作步骤之前的状态，可以单击面板中记录的相应操作名称，返回之前的编辑状态，如图3-1-11所示。

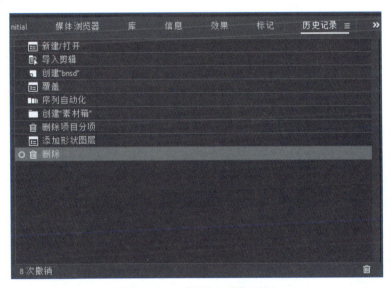

图 3-1-11 "历史记录"面板

3.2 智能视频处理与创作

"AI视频"通常指的是由人工智能（AI）技术生成或处理的视频。包括使用深度学习、计算机视觉和其他相关技术来改善视频的质量、内容或生成全新的视频内容。

3.2.1 AI视频制作的基础知识

AI视频制作是指利用人工智能技术辅助或自动化地进行视频内容的创作和编辑过程。通过使用深度学习、计算机视觉和自然语言处理等技术，AI视频制作可以实现一系列功能，包括智能视频剪辑、自动字幕生成、场景识别、视频特效和风格迁移等。

1. AI视频制作的原理及技术

AI视频制作的原理涉及多个关键技术和算法，如深度学习技术、计算机视觉技术、自然语言处理技术、生成对抗网络技术及视频编辑和特效算法等。

（1）深度学习。深度学习是AI视频制作的核心技术之一。通过深度神经网络模型，深度学习在对大量视频数据进行训练后能够学习视频的特征表示和模式识别。在场景识别、对象检测、语音识别和视频生成等任务中，深度学习技术发挥了重要作用。

（2）计算机视觉。计算机视觉使计算机能够理解和分析视频中的视觉内容。通过图像处理和特征提取算法，计算机视觉可识别视频中的对象、场景、运动以及关键帧等要素，为视频制作提供基础支持。

（3）自然语言处理。自然语言处理在AI视频制作中的应用包括语音识别和字幕生成。它能够将视频中的语音内容转化为文字，从而实现自动字幕生成。此外，NLP还能进行情感分析和语义理解，为视频内容标注和索引提供帮助。

（4）生成对抗网络。生成对抗网络是一种生成模型，可用于生成逼真的虚拟视频内容。通过训练生成器和判别器网络，生成对抗网络能够学习生成与真实视频相似的内容，例如人脸、场景或具有特定风格的视频。

（5）视频编辑和特效。AI视频制作还包括视频编辑和特效处理技术，用于自动化剪辑、修复和增强视觉内容。基于预设规则或用户需求，这些算法能够自动分析视频素材，执行剪辑、滤镜应用、图像修复和增强等操作。

（6）强化学习。强化学习用于视频内容生成和交互式视频制作。通过让智能体在环境中交互，强化学习逐步优化视频制作过程，从而实现更好的创作效果和个性化视频生成。

2. AI视频制作的内容

AI技术正在改变视频制作的各个方面，主要应用包括智能视频剪辑、自动字幕生成、场景识别与对象检测、视频特效与增强、视频风格迁移。尽管AI在视频制作中表现出巨大的潜力，但目前仍需人工的创造性参与。AI在视频制作中主要起到辅助作用，帮助实现更高效的创作和编辑。

（1）智能视频剪辑。AI能够自动分析视频素材，根据预设规则或用户需求进行剪辑，生成符合要求的视频，从而大大节省视频剪辑的时间和人力成本。

（2）自动字幕生成。通过语音识别技术，AI可以将视频中的语音内容转换为文字并生成相应的字幕。自动字幕生成在视频的国际化、无障碍访问及搜索引擎优化方面非常实用。

（3）场景识别与对象检测。AI技术可以识别视频中的不同场景和对象，并自动进行标注或跟踪，有助于视频内容的索引、搜索和分析，使内容更易于理解和分类。

（4）视频特效与增强。AI能够应用多种视觉效果和滤镜来改变视频的外观和风格，还可对视频进行修复、增强和重建，提高整体质量。

（5）视频风格迁移。AI可以将一个视频的风格转移到另一个视频上，创造出不同风格的效果，从而为视频制作带来更多的艺术表现力。

3. AI视频制作的优点

AI视频制作通过自动化剪辑、字幕生成、特效应用等功能，提升效率、降低成本，并支持个性化和创意化表达，使视频制作过程更高效、便捷，同时为用户提供更优质的观看体验。

（1）提高效率。AI能够自动化许多烦琐的任务，如视频剪辑、字幕生成和特效应用，减少人工操作时间，显著提高制作效率。

（2）节省成本。通过自动化流程，AI视频制作降低了对专业制作人员的依赖，减少了人力和设备投入，从而降低制作成本。

（3）增强创意和艺术性。AI为创作者提供了更多的创意工具，如特效应用、风格迁移和虚拟内容生成，使创作风格更加多样化，增强了艺术表现力。

（4）实现个性化内容。AI可以根据用户需求生成个性化视频内容，满足定制化需求，如根据文字或场景要求生成专属视频，提升内容的个性化程度。

（5）提供智能化的功能。通过智能分析和处理，AI实现了更多功能，如多语言支持的智能字幕和无障碍访问，拓展了视频的适用性和便捷性。

（6）增强用户体验。AI提升了视频的流畅度和画质，通过自动化剪辑和特效应用，使用户享受更高质量的视频体验。

（7）辅助创作和编辑。AI在创作过程中提供智能建议、自动化操作和快速预览功能，帮助创作者高效实现创意需求，提升整体创作效率。

3.2.2 AI视频制作的常用工具

1. Premiere

Adobe旗下的Premiere Pro集成了Adobe Sensei AI技术，能够自动分析视频内容，进行剪辑推荐、语音转文字字幕生成、自动场景切换等辅助操作，帮助用户节省大量时间。Premiere可通过AI自动清理音频中的背景噪声，使讲话者的声音更加清晰，还可以自动分析视频中的色调、光影效果，通过AI一键将多个片段的色彩进行匹配，保证视频整体色调一致。

2. 剪映

剪映集成了多种先进AI技术，能够智能识别人像、自动生成字幕、推荐配乐并进行场景分镜等操作，提供一站式的视频编辑辅助。剪映通过AI自动分析视频内容，帮助用户快速完成复杂的编辑任务，使创作过程更加高效便捷。剪映可以识别视频中的人物或物体轮廓，自动去除背景。支持将背景替换成其他图像或视频，并实现专业级的抠图效果，还可以自动推荐适合视频内容的背景音乐，调整配乐节奏以匹配视频情感，支持多种情感模式选择。

3. Runway ML

Runway ML是一个强大的创意工具平台，专注于为设计师、艺术家、开发者等提供多种基于AI的创作工具。它集成了深度学习模型，简化了复杂的机器学习操作，使用户无须编程即可应用AI技术进行视频编辑、图像处理、文本生成等操作。Runway ML允许多个用户在同一项目中进行实时编辑和反馈，提升团队合作效率。适合影视制作团队、广告创作团队等，使得创意交流更顺畅。Runway ML支持视频自动生成功能，用户可以通过文本提示自动生成与描述相关的图像和视频内容。

4. Magisto

Magisto是一款自动视频制作平台,适合快速生成视频内容。用户只需上传视频和图片,选择主题和音乐,Magisto会自动分析素材,生成精彩的短视频。它适用于社交媒体和市场营销,能够快速创建宣传片和活动回顾。Magisto的AI技术帮助用户进行自动剪辑、特效添加和音乐匹配,使得视频制作变得轻松便捷。其友好的用户界面和快速生成能力,使得内容创作者能够高效地完成视频制作。

5. Final Cut Pro

Final Cut Pro是苹果公司开发的一款视频编辑软件,专为Mac用户设计。它提供高效的非线性编辑工作流程,支持多种视频格式和分辨率,包括4K和8K。Final Cut Pro的磁性时间线功能使得素材的排列和对齐变得更加简便,用户可以轻松地进行剪辑、添加特效和调色。AI技术的应用也使得软件具备智能编辑和自动化功能,比如智能场景检测和音频同步。Final Cut Pro还提供强大的色彩分级工具,适合追求高质量视频制作的创意工作者。

3.2.3 运用 Premiere 进行 AI 视频制作

1. Premiere 自动剪辑视频片段

在Premiere Pro 2024中,使用"场景编辑检测"功能可以自动检测视频场并剪切视频片段,帮助用户一键完成素材处理。本节主要介绍如何使用"场景编辑检测"功能自动剪辑素材、生成素材箱和重新合成视频片段的操作方法。

1)自动剪辑视频素材并生成素材箱

根据用户添加的视频素材,Premiere可以自动检测视频中的多个场景,并按场景自动剪辑成视频片段,具体操作步骤如下:

(1)启动Premiere Pro 2024,系统会自动弹出欢迎界面,单击"新建项目"按钮进入新建项目界面。修改项目名称为和保存位置后,单击"创建"按钮,即可创建一个新项目,如图3-2-1所示。

图 3-2-1 创建项目

(2)在菜单栏中,选择"文件"|"导入"命令,如图3-2-2所示。

图 3-2-2　单击"导入"命令

(3)在弹出的"导入"对话框中,将素材文件夹内的"pre1yz.mp4"素材导入"项目"面板中,如图3-2-3所示。

图 3-2-3　选择视频素材

（4）将素材拖动到"时间轴"面板中，如图3-2-4所示。

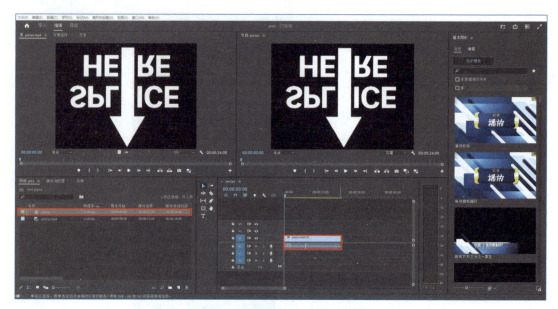

图 3-2-4　将素材拖动到"时间轴"

（5）右击素材，在弹出的快捷菜单中选择"场景编辑检测"命令，如图3-2-5所示。

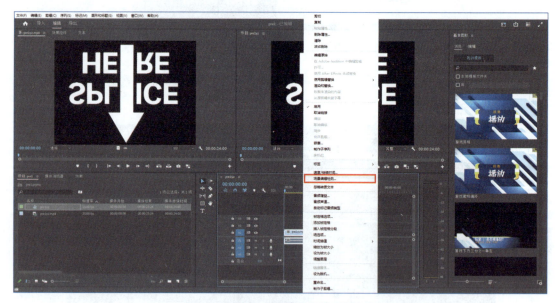

图 3-2-5　选择"场景编辑检测"命令

（6）在弹出的"场景编辑检测"对话框中，勾选"在每个检测到的剪切点应用剪切"复选框和"从每个检测到的修剪点创建子剪辑素材箱"复选框，然后单击"分析"按钮，如图3-2-6所示。

（7）分析完成后，Premiere会根据视频中的场景变化自动将一整段视频剪切为多个小片段，生成多个独立的视频片段，如图3-2-7所示。

图 3-2-6　"场景编辑检测"对话框

图 3-2-7　自动剪切视频片段

（8）此时,"项目"面板中会自动生成一个素材箱,用于存放剪辑后的视频片段,如图3-2-8所示。

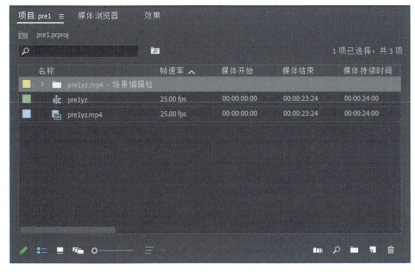

图 3-2-8　自动生成一个素材箱

(9)双击该素材箱,打开相应面板,即可查看视频片段的缩略图,如图3-2-9所示。

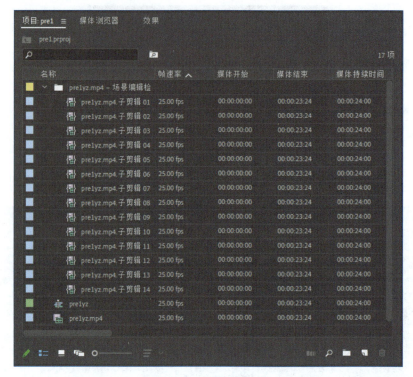

图 3-2-9　查看视频片段

2)重新合成剪辑后的视频片段

当Premiere Pro 2024根据检测到的视频场景自动分割后,用户可以重新调整这些素材的位置,然后将素材重新合成为一个视频片段,方便后续的编辑与处理。

(1)清空"时间轴"面板上的视频片段,在"项目"面板中选择素材箱,如图3-2-10所示。

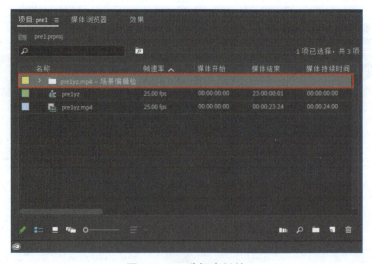

图 3-2-10　选择素材箱

（2）双击打开素材箱，选择素材箱里第一个素材片段，如图3-2-11所示。

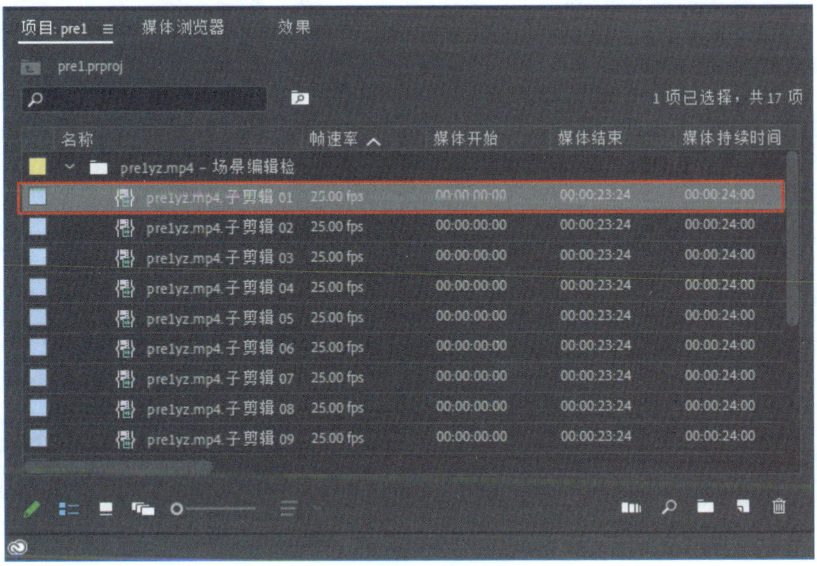

图 3-2-11　选择第一个素材片段

（3）按住鼠标左键将选好的素材片段拖动至"时间轴"面板，如图3-2-12所示，即可应用剪辑后的素材。

图 3-2-12　将素材拖动至"时间轴"面板

（4）用相同的操作方法，将"子剪辑3"素材拖动至"时间轴"面板的第一个素材片段后面，如图3-2-13所示。

（5）同时选择两个子剪辑片段，右击，在弹出的快捷菜单中选择"嵌套"命令，如图3-2-14所示。

图 3-2-13 继续拖动素材至"时间轴"面板

图 3-2-14 选择"嵌套"命令

（6）在弹出的"嵌套序列名称"对话框中设置嵌套序列名称，如图3-2-15所示。

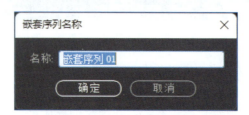

图 3-2-15 设置嵌套序列名称

（7）单击"确定"按钮，即可将视频轨道中的素材嵌套为一个片段，如图3-2-16所示。

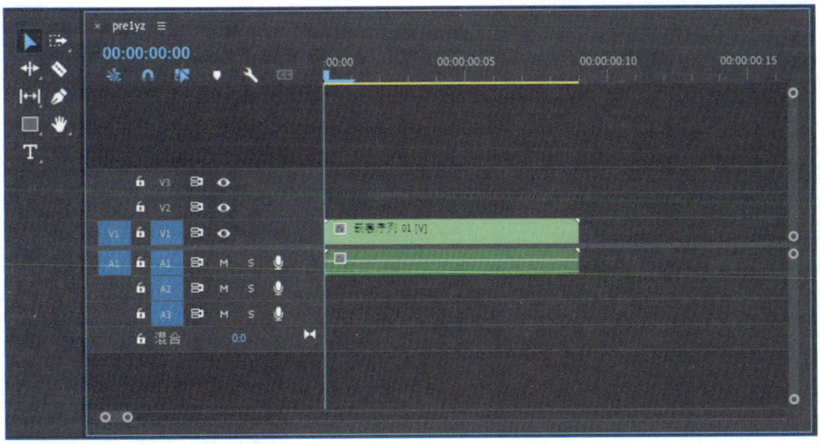

图 3-2-16　重新合成为一个片段

2. Premiere 视频自动调色

使用Premiere Pro 2024中的自动调色功能，新手也可以一键完成视频的基础调色，还能在自动调色的基础上进一步调整参数，从而提升视频画面的美感，吸引观众的注意力。

（1）运行Premiere软件，在软件主页界面中单击"新建项目"按钮，进入"新建项目"对话框。在"名称"文本框中设置文件名为"pre2"，在"位置"文本框中输入新建项目所保存的文件夹，其他为默认设置。单击"确定"按钮，进入Premiere工作界面。

（2）选择"文件"|"导入"命令，将素材文件夹内的"library.mp4"素材导入项目面板中，并将素材拖动到"时间轴"面板中，如图3-2-17所示。

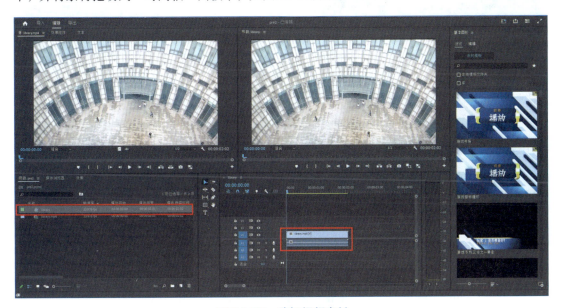

图 3-2-17　选择视频素材

（3）选择"窗口"|"工作区"|"颜色"命令，打开颜色工作区，如图3-2-18所示

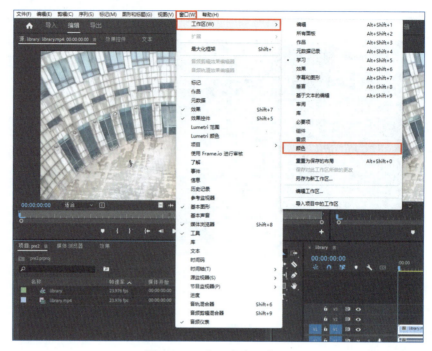

图 3-2-18　打开颜色工作区

（4）在颜色工作区节目监视器的右侧打开"Lumetri颜色"面板、在节目监视器的左侧打开"Lumetri范围"面板，如图3-2-19所示。

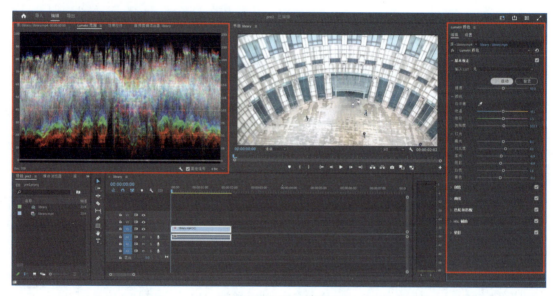

图 3-2-19　颜色工作区

（5）在"Lumetri颜色"面板中单击"基本矫正"标签，展开"基本矫正"面板。在"基本校正"选项区中单击"自动"按钮，面板中的各项调色参数会自动调整，完成视频的初步调色，如图3-2-20所示。

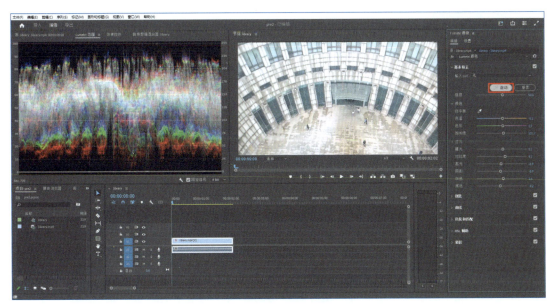

图 3-2-20　自动调色

（6）还可以在自动调色的基础上手动进行调整。例如，可以在"基本校正"选项区中将"色温"参数设置为15.0，"色调"参数为13.0，"饱和度"参数为120.0，如图3-2-21所示，使画面偏向洋红色，色彩更加浓郁。

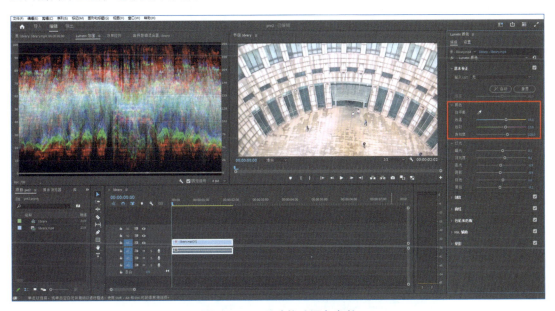

图 3-2-21　手动修改调色参数

3.3 综合案例

3.3.1 构思流程

在进行视频创作时，合理的构思顺序能够帮助我们明确主题，形成完整的叙述。以下是一个可供参考的构思流程：

（1）创新点的思考：确定视频的创新点，以"线条"为线索。

（2）主旨的确立：明确视频的主旨，表达对个人生命和人生的看法。

（3）结合创新点与主旨：构思一系列包含线条的与人生相关的画面，以形成视觉和情感的连接。

（4）画面内容的具体化：设计画面内容，涵盖个体从幼年到老年的不同场景，展示人生的各个阶段。

（5）逻辑的补充：开头通过具体的画面引出"线条"这一线索，从数学世界中的线条到自然和生活环境中的线条。中间部分由客观事物的线条转向人生的线条，展现人生的转折和变化。结尾通过"线条"进行升华，以强化视频主旨。

（6）情感基调的细化：开头部分采用积极的情感基调，因结尾需昂扬向上，中间部分可设计为积极转为消极。结尾部分保持积极，展现希望与生命的美好。

（7）深度的提升：开头展示"线条"作为随处可见的普通物品。中间部分展现美好与灰暗的人生线条，表现人生的复杂性。结尾体现普通个体的人生线条，无论好坏，都是我们人生的一部分。

（8）文案撰写：根据以上构思，撰写相应的文案。

（9）画面与文案的有机调整：根据实际拍摄效果，灵活调整画面与文案的配合。

3.3.2 设计内容

1. 画面拍摄及设计

1）画面选择

选择在顾村公园及日常生活中拍摄有线条元素的素材。尽量多拍摄不同类型的素材，以便后期调整。素材包括樱花树的枝条、石桥、斑马线、台阶等明显线条，如图3-3-1所示，以及眼泪滴落、游船划过水面等隐性线条元素，如图3-3-2所示。

图 3-3-1　生活中的明显线条元素

图 3-3-2　生活中的隐性线条元素

2）拍摄方式

由于使用手机拍摄，为确保画面稳定，采取以下策略：

（1）动静结合：对静物采用直线或曲线的运动镜头，对动态画面尽量固定镜头。

（2）远近镜头：对近景适当运镜，对远景则保持固定镜头。

3）画面设计

（1）线条的表达：一些线条通过画面难以准确表达，使用字幕描述又可能显得冗长，因此采用在画面中直接绘制线条的方法，保留绘制过程并为线条添加动效，以增强画面的生动性。

（2）明暗效果及滤镜：根据各部分的情感基调调整画面亮度。例如，回忆部分可使用黄调滤镜，并提升颗粒感。"灰暗的人生线条"部分应大幅降低亮度和光感，如图3-3-3所示。

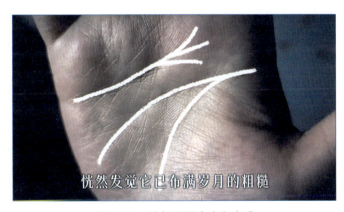

图 3-3-3　降低画面亮度和光感

4）画面特效及效果

（1）回忆部分可以添加滚动胶片边框特效，如图3-3-4所示。

（2）配合"回望我们的人生"的文案，设置倒放效果。

（3）对于流泪和老人拄拐杖的画面设置慢放效果。

（4）在转折或过渡处使用纯黑或纯白画面，配合字幕，突出强调效果，如图3-3-5所示。

图 3-3-4　滚动胶片边框特效

图 3-3-5　视频过渡部分

2. 文案撰写

（1）精简短句。视频时长短，需避免冗长的内容；过长的句子不便于打字幕。结尾部分应简洁有力，避免冗长论述。

（2）明显转折与过渡。使用转折和过渡词，使观众明白视频的层次，可结合画面表达，例如："但今天我们不……，而是……"以及"而当我们……，我们还会发现……"。

（3）用词优美，句式多变。用词应优美，句式结构既不过于文绉绉，也不太口语化。

（4）拉近与观众的距离。使用"你看""我们"等表述，增强观众的代入感。

3. 配音、字幕与转场

（1）配音。选择合适的配音能够为视频增色不少。注意吐字清晰，后期处理杂音（如环境音、噪声等），并确保配音与各部分情感基调相匹配，语气和语调应有所变化。

（2）字幕。字号应适中，颜色明显且适合画面。字幕可以添加适合画面或文字内容的动画效果，如使用圆柱体滚动动效与文案呼应。字幕一般置于底部，但有特殊需要时可灵活布局。

（3）转场。转场效果不必过于复杂，简单的叠化、模糊或闪黑效果即可。关键是确保转场与画面和文案相匹配。例如，从数学画面转入"把目光转向我们的现实世界"时可设置放大左移的转场。

4. 音乐及音效

（1）音乐。在音乐平台搜索情感基调的"纯音乐"，寻找合适的背景音乐（BGM）。建议避免选择过于热门的曲目，以保持新意。确保音乐淡入淡出，尤其是多个BGM衔接时，以使过渡自然。

（2）音效。根据具体画面决定是否添加音效，避免音效与配音、BGM叠加导致听感变差。

3.3.3 创作感想

视频是一个非常好的表达自己想法的形式，但同时自己完成一个视频的制作并不简单，需要考虑的细节非常多，各个视频要素也并不是独立的，而是相互联系的。

在制作视频的过程中，推倒重来或大范围修改是常有之事。因此在选题时，一定要选择自己真正感兴趣的内容，这样才能保持定力和耐心打磨。同时，在脑海中构思大致的完整样貌，可以把自己当成观看者，设身处地思考作为观众希望看到的音画呈现。

视频片段制作虽然只是数媒课的一个作业，但希望同学们都能认真对待。对于喜爱做视频的同学而言，他们会花费心力完成；而对于对做视频不感兴趣或不擅长的同学来说，这则可能是唯一一个从零开始制作一个视频、进行创意性作业来表达自己想法的机会，也是一个跳脱出做PPT写论文的一贯框架，更加自由更加松弛的机会。因此可以把这个视频当成自己的一个作品来做。一方面，这样真的会让我们学会许多非常宝贵的技能，例如如何把课堂所学用到实际操作中，如何兼顾画面与文案，如何引起观看者的兴趣，如何用音画表达自己的想法等等。另一方面，制作完成的那一刻，我们真的会为自己而感到自豪，真的会收获感动。

习 题

一、单选题

1. 使用（　　）工具软件可以对数字视频进行编辑制作。
   A. Windows Movie Maker　　　　B. Adobe Premiere
   C. Ulead VideoStudio　　　　　　D. 其他三项都可以
2. 以下对MOV视频文件格式描述错误的是（　　）。
   A. 较高的压缩比
   B. 较完美的视频清晰度
   C. 目前数字媒体领域事实上的工业标准
   D. Windows系统的通用视频格式
3. 构成视频动画的最小单位是（　　）。
   A. 秒　　　　　　B. 时基　　　　　　C. 剪辑　　　　　　D. 帧
4. 以下（　　）不是获取数字视频信息的设备。
   A. 视频采集卡　　　　　　　　　B. 数码摄像机
   C. 数字摄像头　　　　　　　　　D. 扫描仪
5. 视频采集卡的作用是（　　）。
   A. 用于采集和传输视频信息

B. 用于记录和传输视频信息

C. 将视频输入端的模拟信号转换为数字信号

D. 将视频输入端的数字信号转换为模拟信号

6. 通常情况下，电影的帧频率是（　　）。

  A. 30 fps   B. 24 fps   C. 25 fps   D. 12 fps

7. 视频尺寸（画幅大小）通常用（　　）方向的像素数来表示，一般有 480 P、720 P、1 080 P 等。

  A. 水平   B. 垂直   C. 水平和垂直   D. 对角线

8. 以下对 AVI 视频文件格式叙述错误的是（　　）。

  A. 采用音频视频交错技术

  B. Windows 系统的通用视频格式

  C. 属于无损压缩格式，文件较大

  D. 兼容性好，大多数播放器都能播放

9. 流行的视频网站一般不采用（　　）视频格式。

  A. FLV   B. F4V   C. AVI   D. MP4

10. Adobe Premiere 视频制作软件采用（　　）编辑的方法。

  A. 线性   B. 非线性   C. 线程式   D. 进程式

二、多选题

1. Premiere 不但提供了"视频切换效果"以实现视频间转场，在视频特效中还有一组"过渡"效果，关于这两组转场效果，以下各项描述准确的是（　　）。

  A. 在"过渡"中的特效只可以施加给一个素材片段

  B. 在"视频切换效果"中的转场特效只可以施加给位于两个相邻的轨道上的，有重叠部分的两个素材片段

  C. 在"过渡"中的特效需要设置关键帧，才能产生过渡的效果

  D. 在"视频切换效果"中的转场特效无须设置关键帧

2. 常见的屏幕比例有两种，分别是（　　）。

  A. 4∶3   B. 16∶9   C. 5∶4   D. 14∶9

3. 常见的合成素材有（　　）。

  A. 图片   B. 视频   C. 音频   D. 文字

4. premiere pro 项目窗口可以创建新素材，其中包括（　　）。

  A. 通用倒计时片头 B. 彩条   C. 字幕   D. 颜色蒙版

5. 以下（　　）画面不能出现在视频中。

  A. 二维码   B. 手机号   C. 微信号   D. 商铺招牌

第4章
数字图像

学习目标

◎了解图像和图形相关的基本知识。
◎能简单区分位图与矢量图。
◎了解Photoshop的产生与版本演变。
◎掌握Photoshop中各种工具的功能和使用方法。
◎熟练掌握图层的相关操作。
◎掌握图像色彩的基本调整方法。
◎能区分剪贴蒙版和图层蒙版制作的作品。
◎掌握剪贴蒙版和图层蒙版的操作及创新应用。
◎了解通道和通道抠图的方法。
◎掌握滤镜在图像处理中的作用和基本使用方法。

学习重点

◎工具箱中重点工具的使用。
◎图像色彩的调整。
◎剪贴蒙版和图层蒙版的应用。
◎各种滤镜的使用。

  Photoshop是一款功能非常强大而且实用的图形图像处理软件。通过工具箱中的各种工具、辅助属性栏、功能面板和弹出的对话框做出各种选择，从而达到编辑美化图片的目的。首先，创新制作完美的图片或修改完成一幅图片，都需要足够的耐心和细心，必须要有坚持不懈、持之以恒的毅力，面对复杂的处理步骤，不能有畏难情绪。再次，在掌握基本的P图技巧基础上，要学会举一反三，发散性地思考，此技巧是否能迁移应用在其他图片的处理上，做出更好的效果。最后，还要适时地与老师或同学多交流，正所谓："三人行必有我师焉"，能做到虚心向他人学习，取长补短，循序渐进地提高。

4.1 图像处理基础

4.1.1 图像相关的基本知识

视觉是人类最重要的一种感觉，在人类获得的外界信息中，80%来自视觉。由于科技的发展和生活节奏的加快，我们已经进入读图时代，"一图顶千字""一图胜万言"绝非夸大其词，现实生活中，图形和图像自然也成为人类最容易接收的信息。人眼能识别的自然景象或图像本身是一种模拟信号，只有经过数字化，成为数字图形或图像才能被计算机记录和处理。随着计算机技术的发展，人们通过计算机存储、处理和显示图像变成一种日常。在对图像的处理中，了解一些与图像相关的基本概念，显得尤为重要。

1. 图像和图形

图像又称点阵图像，也称为位图图像（bitmap），它是由很多个小方块一样的颜色网格组成的图像。每个网格代表一个像素点，位图中的每个像素点都由其特定的位置值与颜色值表示，也就是将不同位置的像素设置成不同的颜色，即组成了一幅图像。如图4-1-1是位图放大前所示，图4-1-2是位图局部放大后的效果。其特点为：

（1）文件所占的空间大。
（2）会产生锯齿。
（3）位图图像在表现色彩、色调方面的效果比矢量图优越。

图 4-1-1　位图放大前

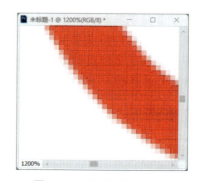

图 4-1-2　位图局部放大后

图形也称矢量图，是由数学中的矢量数据所定义的点、线、面、体组成，根据图形的几何特性以数学公式的方式来描述的对象，其中所存储的是作用点、大小和方向等数学信息，与分辨率无关。一个图形可以由若干部分组成，也可以根据需要拆分成若干部分。可以将它缩放到任意大小，也可以按任意分辨率在输出设备上打印出来，都不会遗漏细节或改变清晰度。如图4-1-3所示是矢量图放大前的效果，图4-1-4是矢量图局部放大后的效果，其特点如下：

（1）文件小。矢量图中保存的是线条和图块的信息，所以矢量图形与分辨率和图像大小无关，只与图像的复杂程度有关。
（2）图像大小可以无极限缩放。对图形进行缩放、旋转或变形操作时，图形仍具有很高的显示和印刷质量，且不会产生锯齿模糊效果。
（3）可采用高分辨率印刷。

图 4-1-3　矢量图放大前

图 4-1-4　矢量图局部放大后

位图与矢量图是根据运用软件以及最终存储方式的不同而生成的两种不同的文件类型。

2. 像素和分辨率

像素是一种用来计算数字影像的单位，实际上只是屏幕上的一个光点。在计算机显示器、电视机、数码照相机等的屏幕上都使用像素作为基本度量单位，屏幕的分辨率越高，像素就越小。

分辨率是数码影像中的一个重要概念，是指在单位长度中，所表达或获取像素数量的多少。分辨率分为以下四种：

（1）图像分辨率：使用的单位是ppi（pixel per inch），即每英寸所表达的像素数目。它出现于屏幕的显示领域，指的是数字化图像的像素大小，是以图像上一行和一列的像素乘积来表示，如一幅图像的图像分辨率为1 920×1 080，即这幅图像横向一行包含1 920个像素点，纵向一列包含1 080个像素点。

（2）打印分辨率：使用的单位是dpi（dot per inch），即每英寸所表达的打印点数。出现于打印或印刷领域，是反映打印机输出图像质量的一个重要技术指标，由打印头在每英寸的打印纸上所产生的墨点数决定。如图4-1-5所示为打印分辨率为72像素/英寸（1英寸=0.025 4 m）时玫瑰花显示效果。如图4-1-6所示为打印分辨率为150像素/英寸时玫瑰花显示效果。

图 4-1-5　打印分辨率为 72 像素 / 英寸时
　　　　　玫瑰花显示效果

图 4-1-6　打印分辨率为 150 像素 / 英寸
　　　　　时玫瑰花显示效果

（3）屏幕分辨率：数字图像通过计算机显示系统（如显卡、显示器等）呈现时，屏幕上横向和纵向像素点的总数，称为屏幕分辨率。屏幕显示分辨率与计算机显示系统软、硬件显示模式相关。如标准显示VGA，其屏幕分辨率为640×480，即屏幕上横向一行包含640个像素点，纵向一列包含480个像素点。

（4）扫描分辨率：指扫描仪每扫描1英寸图像所得到的像素点数，单位是dpi。扫描分辨率反映了一台扫描仪输入图像的细微程度，其数值越大，扫描后数字图像质量越高，扫描仪的性能也就越好。

3. 常用的文件格式

由于Photoshop是功能非常强大的图像处理软件，在文件存储时，根据需求不同，需要设置不同的文件格式进行存储。Photoshop可以支持很多种图像文件格式，下面介绍常用的几种，有助于对图像进行编辑、保存和转换的需要。

（1）PSD格式。PSD格式是PS的专用格式，它能保存图像数据的每一个细节，可以存储为RGB或CMYK颜色模式。它还可以保存图像中各图层的效果和相互关系，各图层之间相互独立，便于对单独的图层进行修改和制作各种特效。其唯一的缺点是存储的图像文件特别大。

（2）BMP格式。BMP格式也是Photoshop最常用的点阵图格式之一，支持多种Windows版本，适合OS/2应用程序软件，支持RGB索引颜色、灰度和位图颜色模式的图像，但不支持Alpha通道。

（3）TIFF格式。TIFF格式是最常用的图像文件格式，它既应用于MAC，也应用于PC。该格式文件以RGB全彩模式存储，是除Photoshop自身格式外，唯一能存储多个通道的文件格式。

（4）EPS格式。EPS格式是Adobe公司专门为存储矢量图形而设计的，用于在PostScript输出设备上打印，它可以使文件在多个软件之间进行转换。

（5）JPEG格式。最卓越的有损压缩格式。在文件压缩前，可选择所需图像的最终质量，能有效控制JPEG在压缩时的数据损失量。该格式支持CMYK、RGB和灰度颜色模式的图像，不支持Alpha通道。

（6）GIF格式。几乎所有软件都支持该格式，主要用于网络传输。它能存储背景透明化的图像形式，并且可以将多张图像存储成一个档案，形成动画效果。最大的不足是只能处理256种色彩的文件。

（7）AI格式。AI格式是一种矢量图形格式，在Illustrator中经常用到，它可以把PS中的路径转化为".AI"格式，然后在Illustrator或CorelDRAW中将文件打开，并对其进行颜色和形状的调整。

（8）PNG格式。PNG格式可以使用无损压缩文件，支持带一个Alpha通道的位图、索引颜色模式。它产生的透明背景没有锯齿边缘。

4. 图像的颜色模式

图像的颜色模式是指图像在显示及打印时定义颜色的不同方式。计算机软件系统为用户提供的颜色模式主要有RGB颜色模式、CMYK颜色模式、Lab颜色模式、位图颜色模式、灰度颜色模式和索引颜色模式等。每一种颜色都有自己的适用范围和优缺点，并且各模式之间可以根据处理图像的需要进行模式转换。

（1）RGB颜色模式。RGB颜色模式是屏幕显示的最佳模式，该模式下的图像是由红（R）、绿（G）、蓝（B）三种基本颜色组成，这种模式下图像中的每个像素颜色用3个字节（24位）来表示，每一种颜色又可以有0~255的亮度变化，所以能够反映出大约16.7×10^6种颜色。RGB颜色模式又称加色模式，因为每叠加一次具有红、绿、蓝亮度的颜色，其亮度都有所增加，红、绿、蓝三色相加为白色。显示器、扫描仪、投影仪、电视等屏幕都是采用这种模式。

（2）CMYK模式。CMYK颜色模式是一种印刷模式。其中四个字母分别指青（cyan）、洋红（magenta）、黄（yellow）、黑（black），在印刷中代表四种颜色的油墨。CMYK模式在本质上与RGB模式没有什么区别，只是产生色彩的原理不同，在RGB模式中由光源发出的色光混合生成颜色，而在CMYK模式中由光线照到有不同比例C、M、Y、K油墨的纸上，部分光谱被吸收后，反射到人眼的光产生颜色。由于C、M、Y、K在混合成色时，随着C、M、Y、K四种成分的增多，反射到人眼的光会越来越少，光线的亮度会越来越低，所有CMYK模式产生颜色的方法又被称为色光减色法。

（3）Lab颜色模式。Lab颜色是由RGB三基色转换而来的，它是由RGB模式转换为HSB模式和CMYK模式的桥梁。该颜色模式由一个光亮度（luminance）和两个颜色（a,b）轴组成。它由颜色轴所构成的平面上的环形线来表示色的变化，其中径向表示色饱和度的变化，白内向外，饱和度逐渐增高；圆周方向表示色调的变化，每个圆周形成一个色环；而不同的光亮度表示不同的亮度并对应不同环形颜色变化线。它是一种具有"独立于设备"的颜色模式，即不论使用任何一种监视器或者打印机，Lab的颜色不变。其中a表示从红色至绿色的范围，b表示黄色至蓝色的范围。

（4）位图模式。位图模式用两种颜色（黑和白）来表示图像中的像素。位图模式的图像也称为黑白图像。因为其深度为1，也称为一位图像。由于位图模式只用黑白色来表示图像的像素，在将图像转换为位图模式时会丢失大量细节，因此Photoshop提供了几种算法来模拟图像中丢失的细节。在宽度、高度和分辨率相同的情况下，位图模式的图像尺寸最小，约为灰度模式的1/7和RGB模式的1/22以下。

（5）灰度模式。灰度模式可以使用多达256级灰度来表现图像，使图像的过渡更平滑细腻。灰度图像的每个像素有一个0（黑色）到255（白色）之间的亮度值。灰度值也可以用黑色油墨覆盖的百分比来表示（0%等于白色，100%等于黑色）。使用黑折或灰度扫描仪产生的图像常以灰度显示。

（6）索引颜色模式。索引颜色模式是网上和动画中常用的图像模式，当彩色图像转换为索引颜色的图像后包含近256种颜色。索引颜色图像包含一个颜色表。如果原图像中颜色不能用256色表现，则Photoshop会从可使用的颜色中选出最相近颜色来模拟这些颜色，这样可以减小图像文件的尺寸。用来存放图像中的颜色并为这些颜色建立颜色索引，颜色表可在转换的过程中定义或在生成索引图像后修改。

5. 色彩

色彩是通过光被我们感知的，而光实际上是一种按波长辐射的电磁能。不同波长的光会引起人们不同的色彩感觉。从人的视觉系统看，色彩可用明度、色相和饱和度来描述。这三个特性，可以说是色彩的三要素。

（1）明度。表示色所具有的亮度和暗度被称为明度。计算明度的基准是灰度测试卡。黑色为0，白色为10，在0~10之间等间隔的排列为9个阶段。色彩可以分为有彩色和无彩色，但后者仍然存在着明度。作为有彩色，每种色各自的亮度、暗度在灰度测试卡上都具有相应的位置值。彩度高的色对明度有很大的影响，不太容易辨别。在明亮的地方鉴别色的明度比较容易的，在暗的地方就难以鉴别。

（2）色相。色彩是由于物体上的物理性的光反射到人眼视神经上所产生的感觉。色的不同是由光的频率的高低差别所决定的。作为色相，指的是这些不同频率的色的情况。频率最低的是红色，最高的是紫色。把红、橙、黄、绿、蓝、紫和处在它们各自之间的红橙、黄橙、黄绿、蓝绿、蓝紫、红紫这6种中间色——共计12种色作为色相环。在色相环上排列的色是纯度高的色，被称为纯色。这些色在环上的位置是根据视觉和感觉的相等间隔来进行安排的。

用类似的方法还可以再分出差别细微的多种色来。在色相环上，与环中心对称，并在180°位置两端的色被称为互补色。

（3）饱和度。用数值表示色的鲜艳或鲜明的程度称之为彩度。有彩色的各种色都具有彩度值，无彩色的色的彩度值为0，对于有彩色的色的彩度（纯度）的高低，区别方法是根据这种色中含灰色的程度来计算的。彩度由于色相的不同而不同，而且即使是相同的色相，因为明度的不同，彩度也会随之变化。

4.1.2 图像的数字化

图像是一种模拟信号，所谓数字化图像，就是将图像上每个点的信息以二进制（0和1）的数码来表示和存储，这种模拟信号转数字编码的过程就完成了图像的数字化，所形成的数字图像文件既可以在计算机中利用相关软件进一步加工处理，还可以不失真地进行网络传输或存储在磁盘、光盘等存储设备里。

图像数字化的手段主要有以下几种：
① 使用扫描仪扫描图像；
② 使用手机或数码照相机拍摄图像；
③ 使用数码摄像机捕捉图像；
④ 利用绘图软件绘制图像以及通过计算机语言编程生成图像；
⑤ 通过视频捕捉卡从视频中获取；
⑥ 通过网络下载；
⑦ 通过软件截屏获得；
⑧ 购买图像光盘。

4.2 Photoshop 概述

4.2.1 Photoshop 的产生及版本演变

Adobe公司于1990年推出了 Photoshop，Photoshop是迄今为止最畅销的图像编辑软件之一，其广泛应用已使其成为众多涉及图像处理行业的首选工具或行业标准软件，为这些行业树立了技术规范和操作流程的标杆。

Photoshop最早的版本要从其前身Display这个小程序说起。1987年秋，Thomas Knoll，一名攻读博士学位的研究生，一直尝试编写一个程序，使得在黑白位图显示器上能够显示灰阶图像。他把该程序命名为Display。Knoll在家里用他的Mac Plus计算机编写这个编码纯粹是为了娱乐，与他的论题并没有直接的关系。他认为它并没有很大的价值，更没想过这个编码会是Photoshop的开始。

他的程序引起了他哥哥John的注意。当时John正就职于Iindustrial Light Magic（ILM）公司——一家影视特效制作公司。当时 John正在实验利用计算机创造特效，他请Thomas帮他编写一个程序处理数字图像，这正是Display的一个极佳起点。

Thomas好几次试图更改这个软件的名称，但每次都没有成功。有趣的是，正所谓踏破铁鞋无觅处，得来全不费工夫，在一次偶然的演示时，他采用了一个参展群众的建议，把这个软件命名为Photoshop。从此，Photoshop正式成为这个软件的名称，直至今日。

与此同时，John四处奔走，寻找公司投资Photoshop。SuperMac、Alcus、Adobe都因为种种原因没有成功。他继续在硅谷寻找投资者，并鼓励Thomas继续编写新的功能。John甚至编写了一本简单的手册介绍这个程序。最后，一家扫描仪公司采用了这个软件。大约200份 0.87版本的Photoshop拷贝随着扫描仪捆绑出售。Photoshop首次发行即是与Banreyscan XP扫描仪捆绑发行的。表4-2-1是自1990年至2002年Photoshop早期版本号系列发布时间表。

表 4-2-1　Photoshop 早期版本号系列发布时间表

发布年份	版 本 号
1990	PS 1.0.7 发布，与如今 Windows 系统自带的"画板"组件十分相似，仅提供一些基本功能：上色板、图形缩放、画笔、橡皮擦等，只支持 Mac 平台
1991	PS 2.0 发布。随后又发行了一款支持 Windows 的版本，版本号设定为 2.5
1994	PS 3.0 发布，引入了一个革命性的改进，那就是图层，允许在不同图层中处理图片，然后合并成一张图片
1996	PS 4.0 发布
1998	PS 5.0，引入历史记录的概念
2000	PS 6.0 发布
2002	PS 7.0 发布

2003年，PS CS发布。启动页中，PS抛弃了曾经最具代表性的大眼睛标志，设计风格开始变得现代起来。2005年PS CS2发布，2007年PS CS3发布，2008年PS CS4发布，号称Adobe公司历史上最大规模的一次产品升级。2010年PS CS5发布，2012年PS CS6发布，它是Adobe界面风格转变的一个重要版本，在这个版本中PS大胆地采用了全新的深色界面。

2013年，Adobe公司重新对软件名称进行调整，名称更名为CC，全称是Creative Cloud，意思是创意云。2014年，Adobe公司发布了Photoshop CC 2014版本，更新至Photshop 2021 CC。目前，Photoshop最新版本为2024年7月发布的Photoshop 25.9.1.626。

4.2.2　Photoshop 2024 的主要功能及安装要求

1. Photoshop 2024 的主要功能

（1）图像编辑与合成：Photoshop 2024提供了丰富的绘画和编辑工具，如画笔、铅笔、颜色替换、混合器画笔等，使用户能够轻松地进行图片编辑、合成、校色、抠图等操作，实现各种视觉效果。

（2）智能工具：引入了AI增强的自动选择和蒙版工具，帮助用户更精确地选择和隔离图像中的特定部分，进行更细致的编辑。同时，创意填充工具可以自动填充图像中的空白区域，使图像更加完整和生动。

（3）3D编辑功能：Photoshop 2024增强了3D编辑选项，允许用户在三维空间中创建和编辑图像，实现更立体的视觉效果。

（4）实时预览与合成：实时合成功能使用户在编辑过程中能够实时预览最终效果，提高了工作效率。

（5）图层与蒙版：提供了图层和蒙版的功能，支持非破坏性的编辑和合成，能够轻松地创建复杂的视觉效果。

（6）滤镜与调色：拥有多种滤镜和调色工具，如模糊、锐化、色彩平衡、曲线等，使用户可以快速调整图像的色彩和明暗。

（7）插件与扩展：支持各种插件和扩展，可以与其他软件无缝集成，如Adobe Bridge、Lightroom等，为用户提供完整的创意工作流程解决方案。

（8）协作与共享：加强了与其他Adobe创意云应用程序的集成，使用户能够更便捷地与团队成员进行协作和共享作品。

（9）文件格式与色彩模式支持：支持多种文件格式，如RAW、JPEG、TIFF等，并且可以处理各种色彩模式，包括CMYK、RGB和Lab等。

（10）动画与动效：提供了动画和动效工具，用户可以创建GIF、WebP等格式的动画和动效，适用于网页设计、UI设计等领域。

这些功能使得Photoshop 2024成为广泛应用于广告、影视、电商、UI设计等多个领域的强大的图像编辑软件。

2. Photoshop 2024的安装要求

（1）硬件最低要求：处理器Intel Core i5/i7/i9或AMD Ryzen 5/7/9，16 GB DDR4 RAM以上内存，500 GB/1 TB SSD以上硬盘空间，性能中上的独立显卡（GPU），27英寸以上的显示器，分辨率达到2K或以上等，并且兼容英特尔芯片、M1/M2芯片等不同的硬件配置。

（2）软件要求：Windows 10及以上版本，还需确保系统具备最新版本的DirectX和OpenGL等必要的运行库。Photoshop 2024支持苹果系统的macOS 14及以上版本，但需先安装Creative Cloud。

> ⓘ 注意：
> 随着软件的不断更新，建议用户在安装前查看Adobe官方网站上的最新系统要求信息，以确保软件的兼容性和稳定性。

4.2.3　Photoshop 2024的界面

1. Photoshop 2024界面的组成

Photoshop界面包括菜单栏、工具箱、属性栏、浮动面板、图像窗口、工作区和状态栏、上下文任务栏等，如图4-2-1所示。

（1）菜单栏：包含Photoshop的各类图像处理命令。

（2）工具箱：默认位置是界面左侧，工具箱包含了Photoshop的各种图像处理工具，将鼠标指针移动至这些工具上，会显示相应的工具名称。

（3）属性栏：也称工具选项栏，位于菜单栏下方。其内容与工具箱中按钮的选择相关联。显示工具箱中当前所选择按钮的参数和选项设置。

（4）浮动面板：默认位置是界面右侧。主要用于存放Photoshop提供的功能调板。面板可以利用窗口菜单栏中的"窗口"命令进行显示和隐藏。

（5）图像窗口：用于显示打开的图像。

（6）工作区：Photoshop中大片的灰色区域是工作区。工具箱、面板、图像窗口等都在工作区内。

（7）状态栏：位于Photoshop界面最下方，其中显示当前图像的状态及操作和提示信息。

（8）上下文任务栏：位于Photoshop图像窗口的下方，会提供更智能和贴心的便捷操作。

第 4 章 数字图像

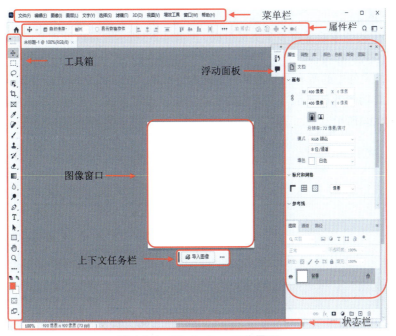

图 4-2-1 Photoshop 工作界面

2. 工具箱

Photoshop 的工具箱中包含了该软件的所有工具。工具箱中工具图标右下角带有小三角形的按钮上按住鼠标左键不松开或者在工具图标上右击，都会弹出下拉菜单，显示隐藏的工具，如图 4-2-2（a）所示。单击工具箱顶端向右或向左的双箭头按钮，可以将工具箱在双栏或单栏显示之间任意切换，如图 4-2-2（b）和图 4-2-2（c）所示。

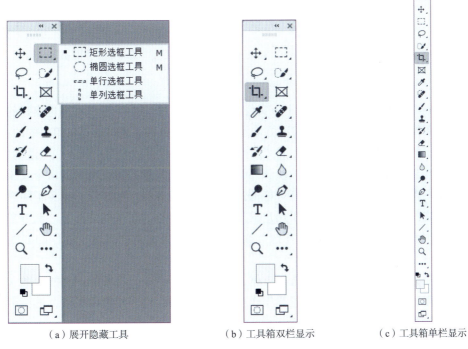

（a）展开隐藏工具　　　　　　（b）工具箱双栏显示　　　　　　（c）工具箱单栏显示

图 4-2-2 工具箱

3. 图层面板

Photoshop中的图像通常由多个图层组成，如图4-2-3所示。可以处理某一图层的内容而不影响图像中其他图层的内容。

同一个图像文件中的所有图层都具有相同的分辨率、相同的通道数以及相同的图像模式。图层面板的主要功能就是显示当前图像的所有图层及设置参数，并对该图像的图层和设置进行调整，如图4-2-4所示。

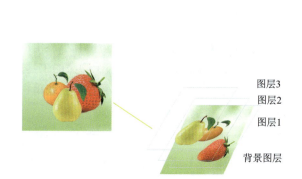

图 4-2-3　多个图层叠加效果

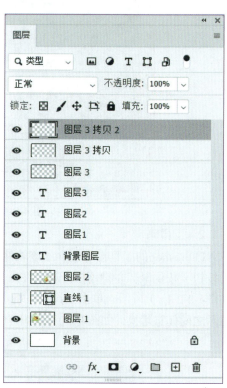

图 4-2-4　"图层"面板

4. 上下文任务栏

Photoshop 2024版本中新增了"上下文任务栏"浮动显示条，它紧贴在图像窗口的下方显示，如打开图像窗口时，在图像窗口下方未发现上下文任务栏，也可通过菜单栏中的"窗口"命令，在弹出的下拉菜单中选择"上下文任务栏"选项，调出"上下文任务栏"浮动显示条。它通过显示与当前操作最相关的后续步骤，帮助用户快速找到并执行所需的命令或操作，从而加速整个图像编辑过程。上下文任务栏通过智能化的任务提示和推荐，减少了用户在不同面板和菜单之间切换的次数，提升了用户的工作效率和体验。在某些情况下，上下文任务栏还提供了实时预览功能，允许用户在执行操作前预览效果，从而确保了操作的准确性和满意度。

上下文任务栏中的智能填充、选择主体、移除背景等命令，将智能识别技术融入图像处理过程，使得原来的抠图、更换背景等操作变得非常轻松，这一功能的引入，进一步巩固了Photoshop在图像处理领域的领先地位。

4.2.4 图像文件的操作

图像文件的操作包括打开图像文件、新建图像文件、存储图像文件、恢复图像文件、置入图像文件和导入导出图像文件。

1. 打开图像文件

在Photoshop中，可以通过以下几种方法打开一个或多个图像文件：

（1）选择"文件"|"打开"命令或按【Ctrl+O】组合键，通过"打开"对话框来选择文件。
（2）选择"文件"|"打开为"命令，以指定的某种格式打开图像文件。
（3）选择"文件"|"打开为智能对象"命令，打开图像文件，并将其转换为智能对象。
（4）选择"文件"|"最近打开文件"命令，通过级联菜单，打开最近编辑过的文件。
（5）单击欢迎界面上的"打开"按钮。

2. 新建图像文件

新建图像文件的操作步骤：选择"文件"|"新建"命令或按【Ctrl+N】组合键，打开如图4-2-5所示的"新建文档"对话框，在对话框中可以输入文件名，设置尺寸大小、分辨率、颜色模式和背景颜色等内容。

图 4-2-5 "新建文档"对话框

3. 存储图像文件

在Photoshop中，PSD格式文件是新建图像的默认文件格式，也是唯一支持所有可用图像模式（位图、灰度、双色调、索引颜色、RGB、Lab和多通道）、参考线、Alpha通道、专色通道和图层的格式。新建或打开图像文件后，对图像编辑完毕或对其编辑过程中应随时对编辑的图像文件进行存储，以避免意外情况发生，造成不必要的损失。

若为已有图像，保存对其所做的修改，选择"文件"|"存储"命令即可。若为新文件，对图像文件第一次存储时可选择"文件"|"存储为"命令或按【Ctrl+S】组合键，在打开的"存储为"对话框中设置文件的存储路径、格式、文件名等，如图4-2-6所示。

图 4-2-6 "存储为"对话框

选择"文件"|"存储为"命令，在打开的"存储为"对话框中可以重新设置文件存储路径、文件名和文件格式，不会破坏原始文件。

选择"文件"|"存储为"|"Web所用格式"命令，可以优化Web用图像，达到图像质量与文件大小的最优效果。

4. 恢复图像文件

在处理图像过程中，如果出现了误操作，可以选择"文件"|"恢复"命令来恢复文件，但是执行该命令只能将图像效果恢复到最后一次保存时的状态，并不能全部进行恢复。因此，在实际操作中，常通过"历史记录"面板来恢复操作。

5. 置入文件使用

选择"文件"|"置入嵌入对象"命令或选择"文件"|"置入链接的智能对象"命令可以将照片图片的位图以及EPS、Pdf、AI等矢量文件做智能对象导入当前编辑的文件中。

6. 导入和导出文件

选择"文件"|"导入"命令可以将视频帧、注释等内容导入当前文件；选择"文件"|"导出"命令可将当前编辑好的文件导出为适合其他软件应用的文件格式。

7. 关闭文件

如果需要关闭正在编辑的图像文件，可单击当前图像文件窗口右上方的"关闭"按钮或者选择"文件"|"关闭"命令，或按【Ctrl+W】组合键。

如果需要关闭Photoshop所有的图像文件，可选择"文件"|"关闭全部"命令，或按【Alt+Ctrl+W】组合键。

4.2.5 颜色的设置

在Photoshop中，对颜色的设置有以下四种常见的方法。

1. 使用拾色器设置

使用鼠标单击工具箱下方的"设置前景色或设置背景色"按钮，可以弹出图4-2-7所示的"拾色器"对话框。在"拾色器"对话框左侧的主颜色框中单击可选取颜色，该颜色会显示在右侧上方颜色方框内，同时右侧文本框中的数值会随之改变。

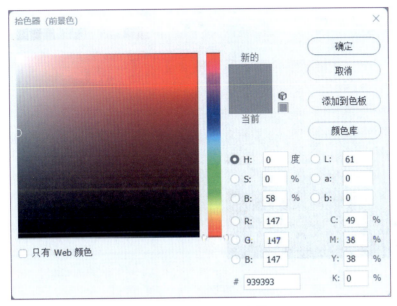

图 4-2-7 "拾色器"对话框

另外，可以在右侧的颜色文本框中输入具体数值来确定颜色，也可以上下拖动主颜色框右侧颜色滑杆的滑块来改变主颜色框中的主色调。

在英文输入状态下，按【D】键也可以将前景色和背景色恢复成默认颜色（前景色黑色，背景色白色）。单击"切换前景色和背景色"按钮 ，可以在前景色和背景色之间进行切换；单击"默认前景色和背景色"按钮 ，可以恢复到默认的前景色和背景色。

2. 使用"颜色"面板设置

选择"窗口"|"颜色"命令或按【F6】键，则打开图4-2-8所示的"颜色"面板。单击面板左上角的"设置前景色或设置背景色"按钮 ，拖动R、G、B的滑块或直接在R、G、B的文本框中输入颜色值，即可改变前景色或背景色的颜色。颜色变化的同时会在工具箱的前景色或背景色工具中显示出来，直接双击可以打开"拾色器"对话框进行设置。

3. 使用"色板"面板设置

在工作区右侧的浮动面板组中单击"色板"标签，或选择"窗口"|"色板"命令，打开图4-2-9所示的"色板"面板。"色板"面板包含许多个颜色块，将鼠标指针置于要选择的颜色块中，当鼠标指针的形状变为吸管时单击该色块，则被选取的颜色块跳转到最左侧第一个色块位置，同时该颜色体现在工具箱的前景色中。

"色板"面板中的颜色并不是固定不变的，可以在其中添加一个新的颜色块，也可以将其中原有的颜色删除。添加一个新的颜色块的方法是：使要添加的颜色成为前景色，再切换到"色板"面板中，单击右下角的"创建新色板"按钮 ，在弹出的"色板名称"对话框中输入新色板的名称即可。要删除色块，首先在颜色组框中单击向右的箭头，把折叠的各色板的色块向下打开，用鼠标左键拖动要被删除的色块到面板底部的"删除色板"按钮上释放鼠标即可。

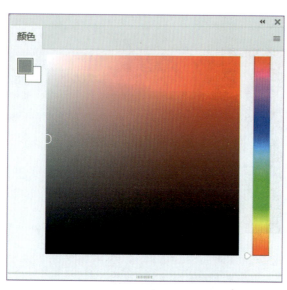

图 4-2-8 "颜色"面板

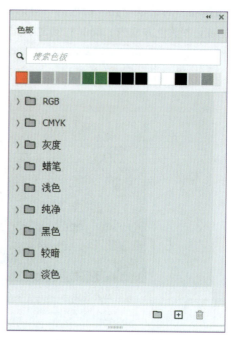

图 4-2-9 "色板"面板

4. 使用吸管工具设置

吸管工具 🖋 主要用于在一幅图片中吸取需要的颜色，当使用吸管工具在图像颜色区域内单击时，此单击点的颜色将立即替换当前前景色；如果按住【Alt】键不放，在图像颜色区域内单击，此单击点的颜色立即被吸取后替换当前背景色。因此，吸管工具在设置颜色方面非常方便灵活。

4.3　图像处理

图像处理是对图像信息进行再加工，以满足人们某种特定需要的技术。主要包括图像变换、合成、色彩调整、图像修补、图像特效和添加文字等技术。本书将以专业的Photoshop软件为例，介绍图像处理的各个方面，并通过实例介绍数字图像处理方法，展示后续可达到的效果。

4.3.1　图像的选取、着色和绘图

在图像处理中，无论是对整张图像的缩放、裁剪、合成，还是进行局部的色彩调整、特效显示，首先都必须通过一些基本操作和工具对图像的部分或整体进行选取和处理。

1. 创建选区

在Photoshop中，选区是一个限定编辑范围的虚线区域，该虚线也称为流动的蚂蚁线，选区外的图像不能编辑。选区分为规则选区和不规则选区两种。选区是由Photoshop工具箱中的各种选区创建工具创建的。根据创建的是规则选区还是不规则选区，可以将选区工具分为规

则选区创建工具和不规则选区创建工具。

1）规则选区创建工具

矩形选框工具组 ▭。使用"矩形选框工具"选取规则的图像区域是最常用且最直接的方法。矩形选框工具组包括矩形选框工具、椭圆选框工具、单行选框工具和单列选框工具，如图4-3-1所示，分别用于创建矩形选区、椭圆形选区、单行和单列选区，快捷键为【M】键。

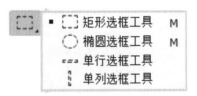

图 4-3-1 矩形选框工具组

当选择"矩形选框工具"时，在待选区域左上角按下鼠标左键拖动光标到右下角松开鼠标即可创建出一个矩形选区。如果在拖动鼠标的同时按住【Shift】键，则可以创建正方形选区。"椭圆选框工具"与"矩形选框工具"使用方法类似，如果在拖动鼠标的同时按住【Shift】键，则可以创建正圆选区。

当选择"矩形选框工具"时，Photoshop属性栏中有部分选项按钮对修改选区大小，调整选区的过渡模式及选区样式至关重要。

部分按钮选项含义如下：

（1）修改选区大小按钮 ▭▭▭▭。它从左到右依次包含四个按钮：新选区、添加到选区、从选区减去和与选区交叉，用于修改选区大小。

① 新选区：按下鼠标左键在图像区域内任意位置拖到鼠标，松开鼠标时即表示创建新选区，如果重新按下鼠标左键拖动，则原选区将消失。此按钮总是保留最后一次创建的选区，如图4-3-2（a）所示。

② 添加到选区：如果新创建的选区与原有选区有交叉，则产生新创建的选区与原选区合并后的一个新选区，如图4-3-2（b）所示。如果新创建的选区与原有选区没有交叉，则新选区和原有选区两块选区并存，如图4-3-2（c）所示。此按钮主要起到扩大选区的作用。

③ 从选区减去：表示从原选区中减去重叠部分后剩下的区域成为新的选区，如图4-3-2（d）所示。此按钮主要起到缩小选区的作用。

④ 与选区交叉：表示将创建的选区与原选区重叠的部分作为新的选区，新选区如图4-3-2（e）灰色部分所示。

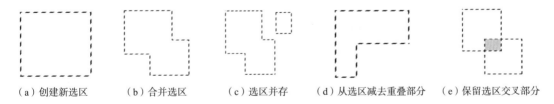

（a）创建新选区　　（b）合并选区　　（c）选区并存　　（d）从选区减去重叠部分　　（e）保留选区交叉部分

图 4-3-2 修改选区大小按钮效果

（2）羽化文本框填充 羽化:0像素：指通过创建选区边框内外像素的过渡来使选区边缘柔化，多用于图片的自然合成，羽化值越大，则选区的边缘越柔和。羽化的取值范围为0~250像素。

（3）样式下拉选择框 样式:正常：样式用于设置选区的形状，有正常、固定比例和固定大小三种模式。

- 正常：默认为此选项，用户可以不受任何约束，自由创建选区。

- 固定比例：选择此项后，将激活此后的"宽度"和"高度"对话框，在其中输入宽度和高度后，创建选区时将按指定比例建立新选区。系统默认值为1∶1。
- 固定大小：选择此项后，将激活此后的"宽度"和"高度"对话框，在其中输入宽度和高度后，创建选区时将按指定大小建立新选区。系统默认值为64 px × 64 px。

2）不规则选区创建工具

（1）套索工具组 。套索工具是一种常用的不规则选区的创建工具，可以通过按下鼠标左键拖动鼠标自由手绘，框选图像中想要选取的不规则图像区域，如人物和花朵等不规则图像的选取。它包含三种不同形状的套索工具：套索工具、多边形套索工具、磁性套索工具，如图4-3-3所示，快捷键为【L】键。

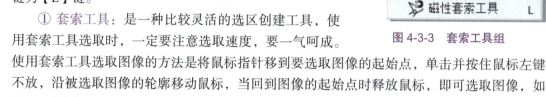

图4-3-3　套索工具组

① 套索工具：是一种比较灵活的选区创建工具，使用套索工具选取时，一定要注意选取速度，要一气呵成。使用套索工具选取图像的方法是将鼠标指针移到要选取图像的起始点，单击并按住鼠标左键不放，沿被选取图像的轮廓移动鼠标，当回到图像的起始点时释放鼠标，即可选取图像，如图4-3-4所示。

② 多边形套索工具：用于创建多边形选区，常用于选择边界多为直线段围成的多边形、立体图形轮廓或边界曲折的复杂图形。使用多边形套索工具时，先用鼠标左键在待选区域边缘某拐点上单击，确定一个起始点，将光标移动到相邻拐点上再次单击，确定第2个点，依次操作下去，当光标回到起始点时（光标旁边带一个小圆圈）单击可闭合选区，如图4-3-5所示；当光标未回到起始点时，双击可闭合选区。在使用多边形套索时，如按住【Shift】键同时拖动，可创建水平、竖直或其他45°倍角的直线段选区边界。

图4-3-4　套索工具选择向日葵

图4-3-5　多边形套索工具选择画框

③ 磁性套索工具：是一种可以自动识别对象的边界，从而快速、准确地选取图像的轮廓区域。顾名思义，从单击第一个起始点后，鼠标指针仿佛带有磁性一样，它可以自动吸附到物体边缘，最后回到起始点再次单击来创建选区。使用磁性套索工具前，可在属性栏中设置宽度、对比度及频率等各项参数，用于确定自动识别的依据。

（2）对象选择工具组 ：是一种智能创建不规则选区的工具组，包含三种工具：对象选择工具、快速选择工具和魔棒工具，快捷键为【W】键，如图4-3-6所示。

① 对象选择工具：可用于自动选择图像中的对象或区域。当使用对象选择工具时，要确保属性栏中"对象查找程序"处于启用状态 。将鼠标指针悬停在图像中要选择的对象或区域上，可选择的对象和区域将以叠加颜色突出显示，如图4-3-7所示，单击后可自动选择对象或区域，如图4-3-8所示。要自定义悬停叠加，可以选择属性栏中的齿轮图标 ✱，然后修改所需的设置。

图 4-3-6　对象选择工具组

图 4-3-7　鼠标悬停在对象上

图 4-3-8　单击鼠标后

② 快速选择工具：是以涂抹的方式选择邻近区域，当被选择的区域适合使用该工具时，可选择"快速选择工具"在待选区域内单击或按下鼠标左键涂抹。

③ 魔棒工具：是依靠容差选择颜色值相近的区域。可根据工具属性栏中"容差"参数设置颜色值的差别程度，容差越大，可选取的相近颜色的范围也越大，产生的不规则选区也越大，反之则越小。容差的有效值为0~255，系统默认为32。也可根据"取样大小"参数设置魔棒工具的取样范围。

使用"魔棒工具"选取图像时，只需单击需要选取图像区域中的任意一点，附件与它颜色相同或相似的区域便会自动被选取。图4-3-9所示是容差为"10"时"魔棒工具"单击图像左上角蓝天部分选取的结果；图4-3-10所示是容差为"32"时"魔棒工具"单击图像左上角蓝天部分选取的结果。

图 4-3-9　容差为 10 时选取结果

图 4-3-10　容差为 32 时选取结果

（3）快速蒙版 ◌：是创建不规则选区的特殊工具，位于工具箱的底部。单击此按钮，可以进入快速蒙版编辑模式，此时借助黑色画笔等绘图工具在图像上选定部分涂抹，可以创建蒙版区域，如图4-3-11所示。再次单击此按钮，可以退出快速蒙版编辑模式的同时获得非蒙版区域的选区，如图4-3-12所示。

图4-3-11 创建蒙版区域

图4-3-12 退出快速蒙版编辑模式

2. 选区操作

在编辑和处理图像的过程中，都会遇到一些调整和修正选区的操作，以真正得到所需的选区，或者对选区进行一些填充或描边等操作以获得特殊的图像效果。

1）移动和复制选区

建立选区以后，选区内的图像可以自由地移动和复制，以便于图像内元素与元素之间距离、位置的调整，还可以在图像间移动和复制选区，做出丰富的合成效果。

（1）移动选区：在工具箱中选择"移动工具" ，将鼠标指针移至选区区域内，如图4-3-13所示，待鼠标指针变成 形状后，按住鼠标不放，拖动至目标位置即可移动选区，如图4-3-14所示。

图4-3-13 车厘子选区移动前

图4-3-14 车厘子选区移动后

（2）复制选区：在工具箱中选择"移动工具" ，将鼠标指针移至选区区域内，按住【Alt】键，待鼠标指针变成 形状后，按住鼠标不放，拖动至目标位置即可将选区内的像素复制到目标位置。或者在选区存在的情况下，选择"编辑"|"拷贝"命令，再选择"编辑"|"粘贴"命令，即可复制选区。

2）修改选区

（1）增减选区：通过增减选区可以更加准确地控制选区的范围和形状。利用属性栏中的 来增减选区的范围。

（2）扩大选区：是指在原选区的基础上向外扩张，选区的形状实际上并没有改变，可以使选区内容得以增加。方法是选择"选择"|"修改"|"扩展"命令，打开"扩展选区"对话

框。在"宽度"文本框中输入1~16之间的整数,即可扩大现有选区。

(3)收缩选区:收缩选区与扩大选区的效果刚好相反,它通过"收缩"命令在原选区的基础上向内收缩,选区的形状也没有改变。其方法是选择"选择"|"修改"|"收缩"命令,打开"收缩选区"对话框。在"收缩量"文本框中输入1~16之间的整数,然后单击"确定"按钮即可。

3)平滑选区

"平滑"命令可以将选区变得连续且平滑,一般用于修整使用套索工具建立的选区,因为用套索选择时,选区很不连续。选择"选择"|"修改"|"平滑"命令,打开"平滑选区"对话框。在"取样半径"文本框中输入1~100之间的整数,然后单击"确定"按钮即可。

4)羽化选区

通过羽化,可以使选区边缘变得柔和且平滑,使图像边缘柔和地过渡到图像背景颜色中,常用于图像合成操作中。创建选区后,选择"选择"|"修改"|"羽化"命令或按【Alt+Ctrl+D】组合键,打开"羽化选区"对话框,如图4-3-15所示。在"羽化半径"文本框中输入0.2~250的羽化值,然后单击"确定"按钮即可。

图 4-3-15 "羽化选区"对话框

> 注意:
> 羽化选区后并不能立即通过选区直观地查看到图像效果,需要对选区内的图像进行移动、填充等编辑后才可看到图像边缘的柔和效果。

5)变换选区

变换选区是应用几何变换来更改选取范围边框的形状,它能够对整个图层、路径和选区边框进行缩放、旋转、斜切、扭曲,也可以旋转和翻转图层的部分或全部、整个图像或选区边框。

对图像内的选区进行移位、缩放、旋转等变换时,选择"选择"|"变换选区"命令即可,我们选择同一选区,相同位置都做旋转操作,如图4-3-16(a)所示是变换选区前,图4-3-16(b)是变换选区后。

(a)变换选区前

(b)变换选区后

图 4-3-16 变换选区前后对比图

对选区内容进行变换时可以直接使用"编辑"|"变换"中相应的命令，图4-3-17所示是直接使用了"编辑"|"变换"|"旋转"命令后的效果。

图 4-3-17　对选区内容变换后

6）填充选区

创建选区后，可以在选区或图层的图像中填充指定的颜色或图案，这是表现选区的一种方式，能够更好地表现出图像效果。常用的三种填充选区的方法为：使用"油漆桶工具"、使用"渐变工具"、使用"填充选区"命令按钮。

（1）使用"油漆桶工具"：选择工具箱中的"油漆桶工具" （"油漆桶工具"有时隐含在"渐变工具"下），打开图4-3-18所示的油漆桶工具属性栏。

图 4-3-18　油漆桶工具属性栏

用"油漆桶工具"填充时，默认是以前景色填充，选择"图案"选项后，后面的图案列表才被激活，可选择不同的图案。"模式"下拉列表框中可以选择填充的着色模式，其作用与画笔等描绘工具中的着色模式相同。"不透明度"用于设置填充内容的不透明度。容差用于设置颜色取样时的范围。

（2）使用"渐变工具"：可以对图像选区或图层进行各种渐变填充。选择工具箱中的"渐变工具" ，打开图4-3-19所示的渐变工具属性栏。

图 4-3-19　渐变工具属性栏

在"渐变"下拉列表中选择"经典渐变"，单击属性栏中的颜色渐变条时，将打开图4-3-20所示的"渐变编辑器"对话框，用于对需要使用的渐变颜色进行编辑。在对话框的"预设"列表框中可选择预设的多种渐变色，颜色条上方，色标代表"透明度"，可创建不同透明度的色彩渐变；在颜色条的下方单击可添加一个色标，并通过下方的"颜色"等选项设置该色标的颜色和位置等；如需要去掉色标，选中该色标，按下鼠标左键朝下拖动即可删除所选色标。

分别代表五种渐变模式：线性渐变（默认）、径向渐变、角度渐变、对称渐变和菱形渐变。

设置好渐变颜色和渐变模式等参数后，将鼠标指针移到选区内适当的位置，单击并拖动到另一位置后释放鼠标即可看到该渐变色以选择的模式填充进选区。但要注意的是，在进行渐变填充时拖动直线的出发点和拖动直线的方向及长短不同，其渐变效果也将各不相同，并且在同一选区内可以多次拖动以达到满意的效果。

（3）使用"填充选区"按钮：在选区已存在的情况下，图像下方的上下文任务栏如图4-3-21所示。

图 4-3-20 "渐变编辑器"对话框

图 4-3-21 选区存在时的上下文任务栏

单击"填充选区"按钮,在弹出的快捷下拉菜单中可以方便地选择填充颜色、图案、前景/背景色及常用的黑色、白色或50%灰色等,甚至还可以选择智能化的"内容识别填充"。

7)为选区描边

使用"描边"命令可以用当前前景色给选区描绘边缘。选择"编辑"|"描边"命令,打开图4-3-22所示的"描边"对话框,可以设置描边的宽度、颜色、位置、混合等。

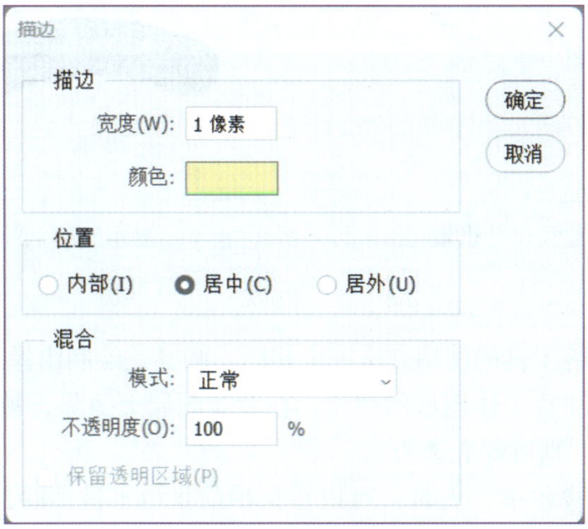

图 4-3-22 "描边"对话框

3. 绘图修图工具

1）画笔工具和铅笔工具

画笔工具 和铅笔工具 都使用前景色绘制线条，画笔绘制软边线条，铅笔绘制硬边线条。

在使用画笔或铅笔时，首先设置好前景色，再根据需要在工具属性栏中打开"画笔预设"选取器，将会打开图4-3-23所示的"画笔预设"设置，从中选择预设的画笔笔尖形状，并可更改笔尖的大小和硬度，也可以选择预设画笔或创建自定义画笔。

如果想更为详细地设置画笔的各种参数，可以按快捷键【F5】，弹出图4-3-24所示的"画笔设置"面板。设置好各种画笔参数后，在图像编辑窗口，按下鼠标左键并拖动，松开鼠标后，鼠标经过的轨迹即为画笔绘制的笔迹。在移动鼠标时如果同时按下【Shift】键，则绘制水平或垂直的线条。

图 4-3-23 "画笔预设"设置

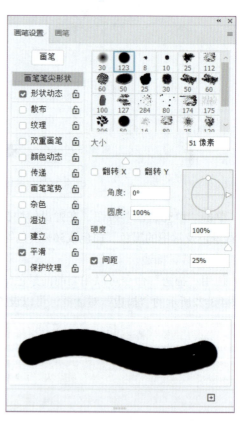

图 4-3-24 "画笔设置"面板

2）橡皮擦工具

橡皮擦工具 与画笔工具的使用方法完全相同。画笔是绘制出像素，橡皮擦是擦除像素。但在使用橡皮擦时，要注意工作图层的性质。在背景图层上擦除，被擦区域被当前背景色取代；在普通图层上擦除，则可擦成透明。

如果选用了"背景橡皮擦"工具，可以在保护前景色不被擦除的情况下，只擦除背景。如果选择了"魔术橡皮擦"工具，可根据取样点的颜色不同选择擦除与取样点颜色接近的区域。

3）图章工具

图章工具 ♣ 有仿制图章和图案图章，仿制图章用于图像的关联复制，依据参考点的内容来修复图像；图案图章则根据用户选择的图案修改图像。

仿制图章工具常用于数字图像的修复，当选择"仿制图章工具"时，按住【Alt】键，同时单击源图像待复制区域进行取样。松开【Alt】键，在目标区域或其他图层或图像中，按下鼠标左键拖动光标，开始复制图像（注意源图像数据的十字取样点）。

例 4-1 利用画笔工具、橡皮擦工具和快速蒙版制作有感觉的网格效果。

（1）新建图像文件。

启动Photoshop 2024，选择"新建"命令，创建一个500×500像素、分辨率为72像素/英寸、RGB颜色模式、8位、白色背景的新图像，如图4-3-25所示。

（2）利用矩形工具、矩形选框工具和"定义画笔预设"命令，创建自定义画笔，取名"样本画笔1"。

① 选择工具箱中的"矩形工具"，设置前景色为黑色，在属性栏中选择工具模式为"像素"，设置"圆角的半径"为10像素，按住【Shift】键（可以绘制正方形），在画布中拖动，画出一个黑色圆角矩形。

② 选择工具箱中的"矩形选框工具"，框选绘制好的黑色圆角矩形，如图4-3-26所示。

③ 选择"编辑"|"定义画笔预设"命令，打开"画笔名称"对话框，如图4-3-27所示，单击"确定"按钮后，创建了新的自定义画笔"样本画笔1"，此画笔可以在画笔形状库中找到。

图 4-3-25 新建画布

图 4-3-26 定义圆角矩形画笔预设

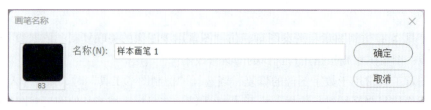

图 4-3-27 "画笔名称"对话框

④ 打开一张自己喜欢的图片,如图4-3-28所示。

在工具箱中选择"画笔"工具,按【F5】快捷键,调整画笔间距,如图4-3-29所示。

图 4-3-28 打开图片文件

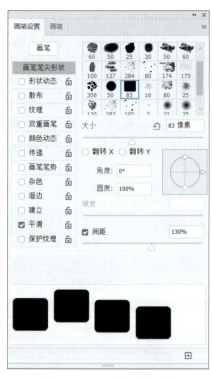

图 4-3-29 画笔间距设置

⑤ 在工具箱底部单击"以快速蒙版模式编辑"按钮 ,进入"快速蒙版"模式,按住【Shift】键,在打开的图片上画满横格,直到填满整张图片,如图4-3-30所示。

⑥ 笔刷填满的地方是图片要保留的部分,不要的地方用"橡皮擦工具"擦除,如图4-3-31所示。

⑦ 单击工具箱中的"退出快速蒙版模式"按钮,选择"编辑"|"剪切"命令,最终效果如图4-3-32所示。

(3)保存文件。

以"ex4-1.jpg"为文件名保存图像(注意JPG格式的选择)。

图 4-3-30 快速蒙版编辑模式

图 4-3-31 "橡皮擦工具"工具擦除后

图 4-3-32 最终效果图

4.3.2 修复工具组

修复工具组常用于修复图像中的杂点、划痕和红眼等瑕疵，在数码照片的修复和处理中应用广泛。该工具组由污点修复画笔工具、移除工具、修复画笔工具、修补工具、内容感知移动工具和红眼工具组成,在工具箱中按下 按钮不放,即会弹出修复工具组,如图4-3-33所示。

1. 污点修复画笔工具

污点修复画笔工具 可以快速移去照片中的污点和其他不理想的部分。它自动从所修饰区域的周围取样,以此样本像素进行绘画,并将样本像素的纹理、光照、透明度和阴影与所修复的像素相匹配。

图4-3-33 修复画笔工具组

此工具用于人物面部清晰的数码照片中的去痣、祛痘效果明显,该工具将边缘清楚的痣和痘视为图像中小面积的污点,只要在工具箱中选择了此工具,调整画笔的直径略大于痣或痘本身,直接在痣或痘上单击即可,处理前和处理后的效果如图4-3-34所示。

(a)处理前　　　　　　　　　　　　(b)处理后

图4-3-34 污点修复画笔工具处理前后对比图

2. 移除工具

使用移除工具 可以去除图像中不需要的区域,方法是调整画笔直径大小,拖动鼠标像使用套索工具那样圈选要移除的区域,或在要去除区域周围涂抹轻刷。可用于轻松去除数码照片中的杂乱背景(人物或杂物),可圈选,如图4-3-35(a)所示;可涂抹或轻刷,如图4-3-35(b)所示;最终效果如图4-3-35(c)所示。

(a)圈选　　　　　　　　　　　　(b)涂抹或轻刷

图4-3-35 "移除工具"使用效果图

(c)最终效果

图 4-3-35 "移除工具"使用效果图(续)

3. 修复画笔工具

修复画笔工具 通过运用图像其他部分的像素进行绘画来修复瑕疵。它的用法与污点修复画笔不同,需要按住【Alt】键在图像中有瑕疵的位置周围好的图像处单击,设置源取样区域,然后将鼠标移动到有瑕疵的地方,按下鼠标左键,在瑕疵上以涂抹的方式进行修复即可。

修复画笔工具常用于消除图像或数码照片中的划痕、蒙尘及褶皱等,并同时保留阴影、光照和纹理等效果,图4-3-36所示为老照片修复前后的效果。

(a)修复前　　　　　　　　　　　　(b)修复后

图 4-3-36 老照片修复前后效果

4. 修补工具

修补工具 使用图像其他部分的像素替换选定区域,和修复画笔工具的效果基本相同,但两者的使用方法却大不相同,使用修补工具可以自由选取需要修复的图像范围。修补工具的操作方法:在需要修补的地方选中一块区域,将此区域拖动到附近完好的区域实现修补,如图4-3-37所示。

(a)修补前　　　　　　　(b)修补中　　　　　　　(c)修补后

图 4-3-37 修补工具使用过程

5. 内容感知移动工具

内容感知移动工具 可选择和移动图像的一部分，并自动填充移走后留下的区域。

6. 红眼工具

红眼工具 可以去除数码照片中的红眼。使用红眼工具，只需在设置参数后，用鼠标在图像红眼位置单击即可。图4-3-38所示为使用红眼工具前后效果。

（a）使用前　　　　　　　　　　　　　　（b）使用后

图 4-3-38　"红眼工具"使用前后效果

4.3.3 路径和形状

路径是Photoshop中一个重要的概念，它是用路径工具勾勒出的矢量图形，由点、线组成的几何线条，它是非常类似于矢量化的曲线。路径曲线是由一些控制作点连接而成的线段或者曲线。

在Photoshop中是使用贝塞尔曲线构成的一段闭合或开放的曲线段。钢笔工具是专门用来绘制路径的，它既可以绘制直线路径，也可以绘制曲线路径。

> **注意：**
> 构成直线路径的节点称为直线节点，构成曲线的节点称为曲线点。

1. 绘制路径

用钢笔工具可以绘制三种类型的路径：直线路径、曲线路径、直线和曲线混合的路径。绘制方法如下：

（1）绘制直线路径：在工具箱中选择"钢笔工具"，将鼠标指针移动至画布上，连续单击。如果想绘制直线条或呈45°角的线条，则单击的同时按下【Shift】键，就会在画布上绘制出如图4-3-39所示的直线路径。

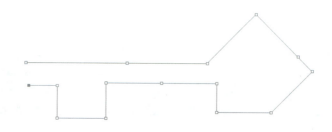

图 4-3-39　直线路径

（2）绘制曲线路径：在工具箱中选择"钢笔工具"，单击完第一点后，在第二点单击时，按住鼠标左键拖动，会拖动出一条带两个手柄的曲线，接着单击第三点不要松开鼠标左键拖动，依次下去，就会绘制出图4-3-40所示的曲线路径。

（3）绘制混合路径：在工具箱中选择"钢笔工具"，绘制直线时，用单击的方法，绘制曲线段时要注意，在前一段直线结束时，按下【Alt】键，单击中间节点的右侧将右侧的手柄切掉，再在下一点单击即可，如图4-3-41所示。

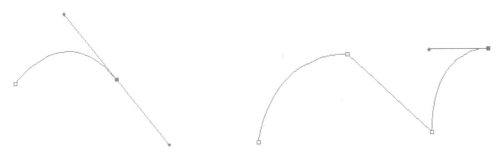

图 4-3-40 曲线路径　　　　　　　　　　图 4-3-41 混合路径

掌握了钢笔工具的基本用法，可以参照图4-3-42在Photoshop中使用钢笔工具做如下绘制路径练习。

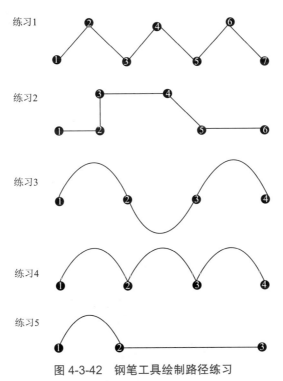

图 4-3-42 钢笔工具绘制路径练习

2. 路径的移动和修改

Photoshop工具箱中除了钢笔工具组是专门绘制路径，添加/删除锚点工具可以增减/删除路径节点，转换点工具可以完成直线和曲线路径的互相转换。还有路径选择工具组，是专门用于完成路径的移动和修改的，它包括路径选择工具和直接选择工具。

（1）路径选择工具：通过鼠标左键单击，选中某路径后，可以调整和移动路径位置。

（2）直接选择工具：通过鼠标单击某个锚点，移动锚点，可修改路径形状，按住【Alt】键用直接选择工具可以只调整曲线锚点的一边的控制手柄。

3. "路径"面板

通过"路径"面板上的按钮，可以完成路径的隐藏、删除、保存、复制、填充、描边、路径转换为选区、选区转换为工作路径等操作，"路径"面板如图4-3-43所示。

例4-2 利用"钢笔工具""框选工具""油漆桶工具"绘制五彩苹果Logo。

（1）打开素材图片"苹果.jpg"，如图4-3-44所示。

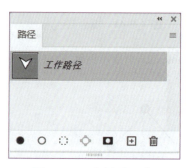

图 4-3-43 "路径"面板

图 4-3-44 打开素材图片

（2）用"钢笔工具"沿苹果外形绘制苹果路径，如图4-3-45所示。选择工具箱中的"钢笔工具"，从苹果外边缘一点单击开始沿苹果外形绘制路径，单击过程中，如果锚点位置单击错误，可按【Ctrl+Z】键删除上一个锚点，重新绘制。如果需要绘制曲线路径，就按下鼠标左键拖动，绘制出合适的曲线。

图 4-3-45 绘制苹果路径

（3）复制路径。新建Photoshop文档，500×500像素，分辨率为72像素/英寸、RGB颜色模式、8位、白色背景的新图像，在工具箱中选择"路径选择工具"后单击图中的苹果路径，拖动至新建的图像文档的标题栏上，松开鼠标左键，如图4-3-46所示，此时路径出现在新建的图像文件上，如图4-3-47所示。

图 4-3-46　移动路径

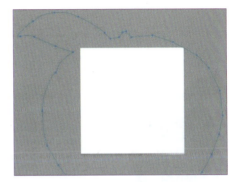
图 4-3-47　复制路径

（4）调整路径到画布合适大小。选择"编辑"|"自由变换路径"命令，拖动苹果路径角部的调整矩形，调整到新建图像画布的合适大小，如图4-3-48所示。

（5）将路径转换为选区。选择"窗口"|"路径"命令，调出"路径"面板，在苹果路径处于被选择的状态下，单击路径调板上的"将路径作为选区载入"按钮，或者按【Ctrl+Enter】组合键得到图4-3-49所示的选区。

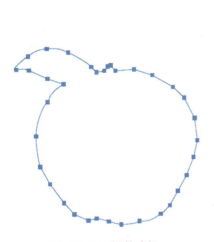
图 4-3-48　调整路径

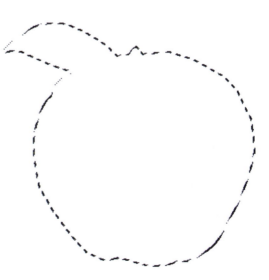
图 4-3-49　路径转换为选区

（6）填充五彩颜色。单击上下文任务栏中的"填充选区"按钮，设置前景色为绿色，填充选区，如图4-3-50所示。

（7）利用框选工具填充成五彩苹果。在工具箱中选择"矩形选框工具"，在属性栏中单击"从选区中减去"按钮，框选减去选区的叶子部分，如图4-3-51所示。更换前景色后，继续填充下半部分，如图4-3-52所示。依次重复上述操作步骤，会得到一个五彩苹果，如图4-3-53所示。

（8）保存文件。以"ex4-2.jpg"为文件名保存图像。

图 4-3-50　为选区填充颜色

图 4-3-51　减去部分选区

图 4-3-52　填充新选区

图 4-3-53　五彩苹果

4.3.4　文字工具组

文字是图的重要组成部分，文字的再加工（空心字、彩虹字、图案字、变形文字、立体文字、路径文字、滤镜/通道特效文字等）也是图形图像处理技术的重要环节。所谓"图文并茂"就是在图像上添加上合适的文字效果，使受众更容易读懂图所传达的信息，精心设计处理过的各种特效文字还可以增强图的美观性，如图4-3-54所示。

图 4-3-54　各种文字效果

在Photoshop中，通常使用工具箱中的文字工具组 T 来完成文字的编辑和输入。它包括四种工具：横排文字工具、直排文字工具、横排文字蒙版工具和直排文字蒙版工具，如图4-3-55所示。

文字工具有一般文字工具和蒙版文字工具两类。图4-3-55中前面两种横排文字工具和直排文字工具属于一般文字的创建工具，输入完成后，将在图层面板中产生一个新的文字矢量图层；下面两种直排文字蒙版工具和横排文字蒙版工具在输入文字并提交后，在图层面板中不会产生新的图层，只会在当前图层中形成一个文字选区。

图 4-3-55　文字工具组

在建立文字对象时，首先选择所需类型的文字。在属性栏中设置文字工具各项参数（字体、字号、对齐方式和颜色等）。在图像中单击，确定图像插入点（如果是蒙版文字，将进入蒙版状态，图像被50%不透明度的红色保护起来）。输入文字内容。按【Enter】键可向下换行。输入文字并设置好后，在属性栏上单击"提交"按钮✓，完成文字的输入，同时退出文字编辑状态（单击"取消"按钮⊘，则撤销文字的输入）。

一般文字创建工具在文字输入完成后，会产生新的文字图层。在"图层"面板上双击文字图层的缩略图选中所有文字，利用属性栏可修改文字属性，设置文字变形等。

蒙版文字工具则形成文字选区，并不生成文字层。所以蒙版文字的修改必须在提交之前进行。当然，蒙版文字因为创建的是选区，所以结合前面学习过的有关选区描边和选区填充的内容，还可做出空心字、彩虹字、图案字等丰富的文字效果。

下面以空心字、图案字和彩虹字的制作为例，详细介绍三种文字效果的制作过程，在此抛砖引玉，希望大家能举一反三，做出更丰富多彩的文字效果来。

例4-3　空心字制作。

（1）新建图像文件。启动Photoshop 2024，选择"新建"命令，创建一个500×500像素，分辨率为72像素/英寸、RGB颜色模式、8位、白色背景的新图像。

（2）输入文字。选择工具箱中的"横排文字蒙版工具"，将鼠标指针移至画布中间，单击后输入"中国"，并在属性栏中调整字体为"华文新魏"，字号为150点，或者单击画布下方的上下文任务栏，设置字体、字号，如图4-3-56所示，单击属性栏中的"提交"按钮后，获得"中国"两字的文字选区，如图4-3-57所示。

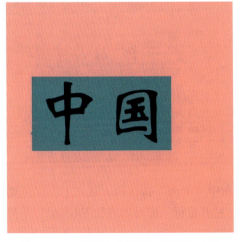

视　频

空心字制作

图 4-3-56　使用文字蒙版工具输入文字　　　　　图 4-3-57　获得文字选区

（3）给文字描边。选择"编辑"|"描边"命令，打开"描边"对话框，如图4-3-58所示设置后，单击"确定"按钮，最终空心字效果如图4-3-59所示。

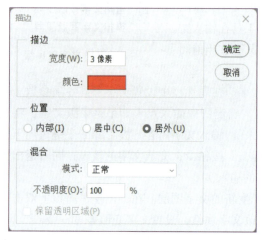

图4-3-58 "描边"对话框　　　　　　　　　　　图4-3-59 空心字效果

（4）保存文件。以"ex4-3.jpg"为文件名保存图像。

例4-4 彩虹字制作。

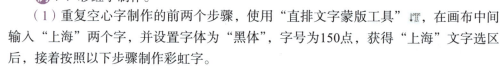

（1）重复空心字制作的前两个步骤，使用"直排文字蒙版工具"，在画布中间输入"上海"两个字，并设置字体为"黑体"，字号为150点，获得"上海"文字选区后，接着按照以下步骤制作彩虹字。

（2）选择工具箱中的"渐变工具"，在属性栏中单击"选择和管理渐变预设"按钮，打开如图4-3-60所示的下拉菜单。

（3）选择渐变色。在"管理渐变预设"下拉选框中选择"彩虹色_07"，渐变模式选择"线性渐变"，如图4-3-61所示。

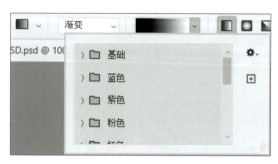 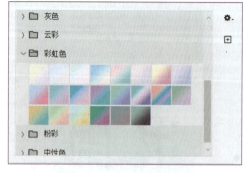

图4-3-60 "选择和管理渐变预设"下拉菜单　　　图4-3-61 选择渐变预设颜色

（4）用渐变色填充文字。将鼠标指针移至画布中"上海"选区内，从"上"字顶端从上到下单击，垂直拖动出一条线到"海"字的下端，松开鼠标，即可得到如图4-3-62所示的彩虹字效果。

（5）保存文件。以"ex4-4.jpg"为文件名保存图像。

例 4-5 图案字制作。

(1) 打开素材图片"雏菊.jpg"。选择"文件"|"打开"命令,打开素材文件"雏菊.jpg"。

(2) 输入文字。选择工具箱中的"横排文字蒙版工具" T,将鼠标指针移至画布中间,单击后输入"雏菊",并在属性栏中调整字体为"华文琥珀",字号为150点,单击属性栏中的"提交"按钮后,获得"雏菊"两字的义字选区,如图4-3-63所示。

图案字制作

图 4-3-62 彩虹字效果

(3) 变换选区调整图案字位置及大小。选择"选择"|"变换选区"命令后,"雏菊"文字选区外出现八个矩形调整按钮,用鼠标拖动角部矩形,可缩放选区,如图4-3-64所示;将鼠标指针移至矩形框外,当其变成双向箭头时,可旋转选区,如图4-3-65所示;当鼠标指针移至矩形框内部时,按下鼠标左键可移动选区位置,如图4-3-66所示。

图 4-3-63 创建文字选区

图 4-3-64 缩放选区

图 4-3-65 旋转选区

图 4-3-66 移动选区

(4) 新建空白文件,复制/粘贴图案字。选择"编辑"|"拷贝"命令,选择"文件"|"新建"命令,创建一个500×500像素、分辨率为72像素/英寸、RGB颜色模式、8位、黑色背景的新图像文件,将鼠标指针移至画布中间,选择"编辑"|"粘贴"命令,可以看到图4-3-67所示的图案字效果。

(5) 保存文件。以"ex4-5.jpg"为文件名保存图像。

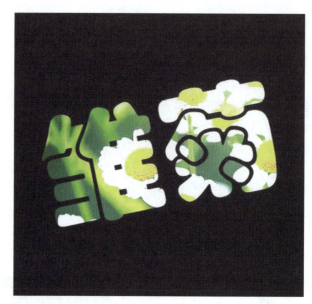

图 4-3-67 图案字效果

路径文字制作

例4-6 路径文字制作。

（1）新建文件。选择"文件"|"新建"命令，创建一个500×500像素，分辨率为72像素/英寸、RGB颜色模式、8位、白色背景的新图像文件。

（2）绘制路径。选择工具箱中的"钢笔工具" ，将鼠标指针移至画布中间，单击第一个锚点后，再次单击三次，第四次单击时回到第一个锚点，绘制如图4-3-68所示的闭合直线路径。

（3）调整路径。选择工具箱中的"转换点工具" ，单击左上角的锚点，按住左键拖动鼠标，调整锚点的两个方向柄，如图4-3-69所示。然后用同样方法调整右上角锚点，得到一个封闭的心形路径。

图 4-3-68 绘制路径

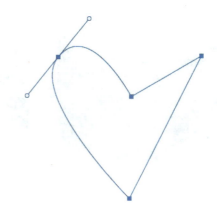

图 4-3-69 调整路径

（4）输入路径文字。单击工具箱中的"横排文字工具" T 按钮，将鼠标指针贴近路径，当光标呈 时，单击，如图4-3-70所示，在光标闪烁处输入文字"Tomorrow is a new day!good morning!"，属性栏中调整字体颜色和大小后，如图4-3-71所示。

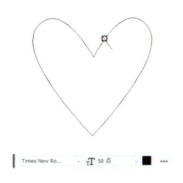

图 4-3-70　沿路径输入文字　　　　　　图 4-3-71　路径文字效果

（5）保存文件。以"ex4-6.jpg"为文件名保存图像。

4.3.5　图像色彩与色调的调整

色彩和色调直接影响着图像的呈现效果，Photoshop提供了很多色彩和色调调整命令，利用这些命令可以很轻松地改变一幅图像给人的整体感觉。

1. 图像色调调整

图像的色调调整主要是调整图像的明暗程度。在Photoshop中，可以通过"色阶""曲线"等命令调整图像的色调。

1）"色阶"命令

选择"图像"|"调整"|"色阶"命令，打开"色阶"对话框，如图4-3-72所示。通常在颜色通道下拉选项中选择"RGB选项"表示对整幅图像进行调整。然后，可以通过用鼠标拖动图中的"阴影滑块""中间调滑块""高光滑块"来调整图像的色调范围和颜色平衡。

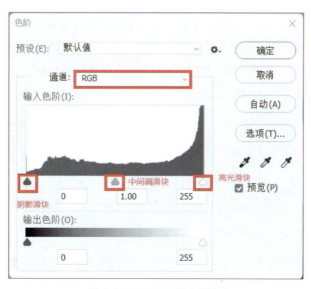

图 4-3-72　"色阶"对话框

2）"曲线"命令

使用"曲线"命令不仅可以调整图像的整体色调，还可以精确地控制多个色调区域的敏

感度及色调。选择"图像"|"调整"|"曲线"命令，打开"曲线"对话框，如图4-3-73所示。图中的"曲线工具"按钮，用来在对话框中的对角线上添加调节点。若想将曲线调整成比较复杂的形状，可以在对角线上单击添加多个调节点进行调整。然后按下鼠标拖动，以调整图像的整体或局部色调。对于不需要的调节点可以单击选中后按【Delete】键删除。

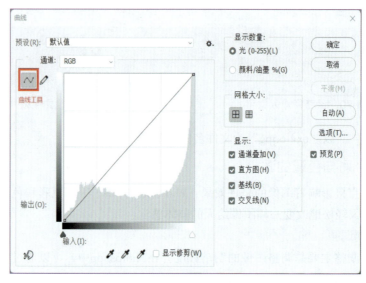

图 4-3-73 "曲线"对话框

3）"亮度 / 对比度"命令

选择"图像"|"调整"|"亮度/对比度"命令，弹出的对话框如图4-3-74所示，可以方便地调整图像的明暗及对比度。

4）"阴影 / 高光"命令

"阴影/高光"命令可以基于暗调或高光中的周围像素进行增亮或变暗调节，适用于校正由强逆光而形成剪影的照片或者由于太接近照相机闪光灯而有些发白的焦点。选择"图像"|"调整"|"阴影/高光"命令，打开图4-3-75所示的"阴影/高光"对话框。通过分别调整阴影和高光的数量值，即可调整光照的校正量。

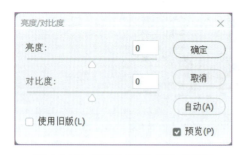

图 4-3-74 "亮度 / 对比度"对话框

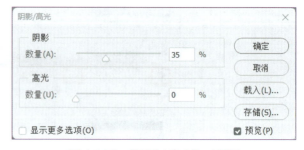

图 4-3-75 "阴影 / 高光"对话框

2. 图像色彩调整

调整图像的色彩是Photoshop的重要功能之一，利用Photoshop的色彩调整命令可以对图像进行相应的色彩方面的处理。在进行色彩调整时，主要使用"图像"|"调整"子菜单中的各个命令。这里介绍最常用的四个命令。

1)"色彩平衡"命令

"色彩平衡"命令可以调整图像暗调区、中间调区和高光区的各色彩成分,并混合各色彩达到平衡。选择"图像"|"调整"|"色彩平衡"命令,打开"色彩平衡"对话框,如图4-3-76所示。

2)"色相/饱和度"命令

"色相/饱和度"命令可以调整图像中单个颜色的三要素,即色相、饱和度和明度。选择"图像"|"调整"|"色相/饱和度"命令,打开"色相/饱和度"对话框,如图4-3-77所示。

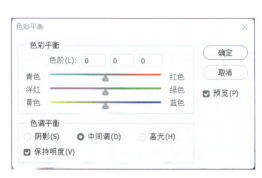
图 4-3-76 "色彩平衡"对话框

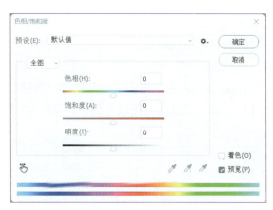
图 4-3-77 "色相/饱和度"对话框

3)"去色"命令

选择"图像"|"调整"|"去色"命令可以去除图像中的所有色彩,将图像转换为灰度图像。在去色过程中,每个像素都保持原来的亮度。

4)"替换颜色"命令

"替换颜色"命令可以替换图像中某个特定区域的颜色。选择"图像"|"调整"|"替换颜色"命令,打开"替换颜色"对话框,如图4-3-78所示。

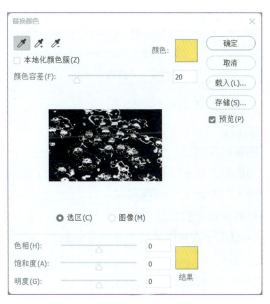
图 4-3-78 "替换颜色"对话框

需要替换图像中某个区域的颜色时，应先选择吸管工具，在需要替换颜色的图像区域单击取样，这时预览中出现的白色部分表示原图像的相应区域已经被选取，产生了选区，然后拖动"色相""饱和度""明度"滑块调节选区的色相、饱和度和亮度，在"结果"框中会显示出调节后的颜色。

4.3.6 图层与蒙版

"图层"的概念在Photoshop中非常重要，它是构成图像的重要组成单位。图像通常由多个图层组成，可以处理某一图层的内容而不影响图像中其他图层的内容。每个图层都是由许多像素组成的，而图层又通过上下叠加的方式来组成整个图像。自上而下俯视所有图层，从而形成图像显示最终效果。

1. 图层面板

Photoshop的图层操作主要是通过"图层"面板来完成的。选择"窗口"|"图层"命令或按【F7】键可以显示"图层"面板，如图4-3-79所示。

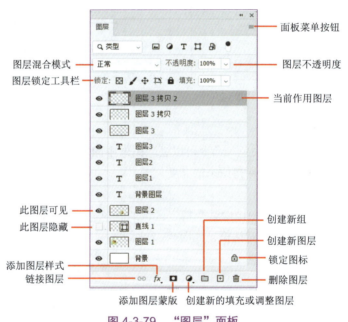

图 4-3-79　"图层"面板

2. 图层的分类

Photoshop有以下五类图层：

（1）背景图层：位于图像的最底层，可以存放和绘制图像。

（2）普通图层：主要功能是存放和绘制图像，普通图层可以有不同的透明度。

（3）文字图层：只能输入与编辑文字内容。

（4）形状图层：主要存放矢量形状信息。

（5）填充/调整图层：主要用于存放图像的色彩调整信息。

3. 图层的基本操作

1）创建图层

方法一：在"图层"面板上单击"创建新图层"按钮，就可以新建一个空白图层，如

图4-3-80所示。

方法二：选择"图层"|"新建"|"图层"命令或者按【Shift+Ctrl+N】组合键创建新图层，此时会弹出"新建图层"对话框，如图4-3-81所示。在对话框中设置图层的名称、不透明度和颜色等参数，然后单击"确定"按钮即可。

图 4-3-80　建立新图层

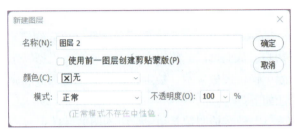

图 4-3-81　"新建图层"对话框

2）重命名图层

在"图层"面板上双击要重新命名的图层，然后直接输入新名称即可。

3）复制、移动和删除图层

（1）复制图层。

方法一：同一图像中复制图层，直接在"图层"面板中选中要复制的图层，然后将图层拖动至"创建新图层"按钮上。

方法二：按【Ctrl+J】组合键，可以快速复制当前图层。

方法三：在不同图像之间复制图层，首先选中要复制的图层，然后使用移动工具在图像窗口之间拖动复制。

（2）移动图层。

移动图层实际上就是改变图层的堆叠顺序。图层的叠放顺序直接影响着一幅图像的最终呈现效果，调整图层顺序会导致整幅图像的效果发生改变。

在"图层"面板中，单击选中要改变顺序的图层，使其成为当前图层，然后按住鼠标左键不放向上或向下拖动到所需位置处释放即可。

（3）删除图层。

对于不需要的图层，可以将其删除。删除图层后，该图层中的图像也将被删除。

在"图层"面板中，单击选中要删除的图层，按住鼠标左键不放，拖动至"图层"面板右下角的"删除图层"按钮上松开鼠标即可。

4）创建图层组

Photoshop允许将多个图层编成组，这样在对许多图层进行同一操作时（例如改变图层的混合模式）只需要对组进行操作，从而大大提高了图层较多的图像编辑处理的工作效率。

5）图像的链接与合并

图层的链接是指将多个图层链接成一组，可以同时对链接的多个图层进行移动或变换等

编辑操作。在图层面板中，同时选中两个或两个以上的图层（可借助【Shift】键或【Ctrl】键），选择"图层"|"链接图层"命令即可链接多个图层。

合并图层是将几个图层合并成一个图层，这样可以减少文件大小或方便对合并后的图层进行编辑。Photoshop的图层合并方式共有三种：

（1）向下合并：可以将当前图层与它下面的一个图层进行合并。

（2）合并可见图层：可以将"图层"面板中所有显示的图层进行合并，而被隐藏的图层不合并。

（3）拼合图层：用于将图像窗口中所有的图层进行合并，并放弃图像中隐藏的图层。

6）锁定图层

Photoshop提供了锁定图层的功能，可以锁定某一个图层和图层组，使它在编辑图像时不受影响，从而可以给编辑图像带来便利。根据锁定对象不同，可以分为如下五类：锁定透明像素、锁定图像像素、锁定位置、防止在画板和画框内外自动嵌套及锁定所有属性。它们的功能如下：

（1）锁定透明像素 ▦：会将透明区域保护起来。因此，在使用绘图工具绘图（以及填充和描边）时，只对不透明的部分（即有颜色的像素）起作用。

（2）锁定图像像素 ✎：可以将当前图层保护起来，不受任何填充、描边及其他绘图操作的影响。

（3）锁定位置 ✣：单击此图标，不能对锁定的图层进行移动、旋转、翻转和自由变换等编辑操作，但可以对当前图层进行填充、描边和其他绘图的操作。

（4）防止在画板和画框内外自动嵌套 ▣：用户在操作图层或组时，如果不小心将其移动到了画板或画框的边缘之外，默认情况下，这些图层或组可能会在视图中消失。单击此按钮时，无论用户如何移动图层或组，它们都不会自动从画板或画框边缘移出并在视图中消失。

（5）锁定所有属性 🔒：将完全锁定这一图层，此时任何绘图操作、编辑操作（包括删除图像、图层混合模式、不透明度、滤镜功能、色彩和色彩调整等功能）都不能在这一图层上使用，而只能够在图层面板中调整这一层的叠放次序。

4. 设置图层的混合模式

图层的混合模式决定了当前图层中的图像如何与下层图像的颜色进行色彩混合，可用于合成图像、制作选区和特殊效果。除"背景"图层外，其他图层都支持混合模式。图层缺省的模式是正常模式，Photoshop提供了25种混合模式，在"图层"面板中左上方的"图层混合模式"下拉列表框中可以选择所需的混合模式，如图4-3-82所示。

以"正片叠底"混合模式为例，它的作用是利用减色原理，把当前层的颜色和下一层的颜色像素做对比，保留相对深色的那一图层的像素。

例4-7 利用图层混合模式中的"正片叠底"效果给小女孩佩戴上合适的项链。

（1）启动Photoshop，分别打开"小女孩.jpg"和"项链.jpg"，如图4-3-83所示。

（2）合并图片。在"项链.jpg"中，选择工具箱中的"移动工具"，在"项链.jpg"图片中，按下鼠标左键，将项链图片的像素完整移至"小女孩.jpg"图片上松开鼠标左键，在"小女孩.jpg"图层面板中可以看到两个图层，如图4-3-84所示，效果如图4-3-85所示。

视频
用正片叠底模式给小女孩戴上项链

图 4-3-82　图层混合模式

图 4-3-83　打开图像文件

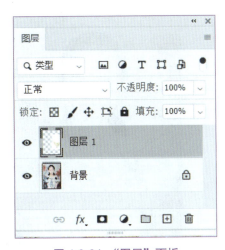

图 4-3-84　"图层"面板

图 4-3-85　合并效果

（3）变换图像调整位置。选中图层1"项链图层"，按【Ctrl+T】组合键，调整项链大小，并旋转项链图片至小女孩脖子的合适位置，单击上下文任务栏中的"完成"按钮，如图4-3-86所示。

图 4-3-86　变换调整位置后

（4）设置图层混合模式。在图层面板中选择"图层1"项链图层，单击左上角的"设置图层混合模式"下拉框，选中"正片叠底"混合模式后，面板效果如图4-3-87所示，图像合成后效果如图4-3-88所示。

图 4-3-87　设置正片叠底混合模式

图 4-3-88　最终效果图

（5）保存文件。以"ex4-7.jpg"为文件名保存图像。

5. 使用图层样式

在Photoshop中还可以对图层添加各种样式效果，包括投影、外发光、斜面和浮雕等，利用这些样式为图像制作一些常见的特效。

图层样式可以应用于普通图层、文字图层、形状图层等，但不能用于背景图层。应用图层样式后，用户可以将获得的样式效果复制并粘贴到其他图层。

"投影"图层样式能给图层加上一个阴影。

例 4-8 利用图层的相关知识，借助"橡皮擦工具"、制作邮票效果。

（1）打开素材图片"上海大学.jpg"，如图4-3-89所示。

视频

制作邮票效果

图 4-3-89 打开素材图片

（2）解锁背景图层。在"图层"面板中，单击背景图层后的小锁图标，解锁背景图层。然后，单击"创建新图层"按钮，新建"图层1"，最后调换两图层上下顺序后，"图层"面板如图4-3-90所示。

图 4-3-90 解锁背景图层

（3）设置邮票背景图层效果。单击工具箱中的"设置前景色"按钮，将前景色设为玫红色，然后选择"油漆桶工具"将"图层1"填充成玫红色，即图层1为玫红，"图层"面板如图4-3-91所示，继续选中"图层1"做滤镜效果，选择"滤镜/艺术效果/海绵"，参数默认，最终效果如图4-3-92所示。

图 4-3-91　填充背景玫红　　　　　　　图 4-3-92　设置滤镜效果

（4）自由变换调整图像大小。在"图层"面板中，选择"图层0"，按【Ctrl+T】组合键，图像周围出现八个小的矩形调整柄，按【Shift+Alt】组合键，拖动矩形调整柄，等比例调整图像大小，最后按【Enter】键确定图像大小位置，如图4-3-93所示。

图 4-3-93　自由变换调整图层大小

（5）在工具箱中选择"画笔工具"，按【F5】快捷键调出"画笔"面板，在"画笔"面板中设置画笔样式，如图4-3-94所示。

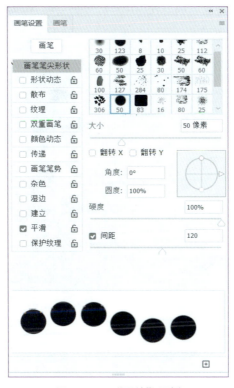

图 4-3-94　"画笔"面板

（6）擦出邮票锯齿效果。在工具箱中选择"橡皮擦工具"，按【Shift】键，在图层0图像四周单击框选，效果如图4-3-95所示。

图 4-3-95　擦出邮票锯齿效果

（7）添加投影图层样式。选中"图层0"，然后单击"添加图层样式"按钮fx图标，在弹出的下拉框里选择"投影"命令，即可弹出图4-3-96的投影"图层样式"对话框。

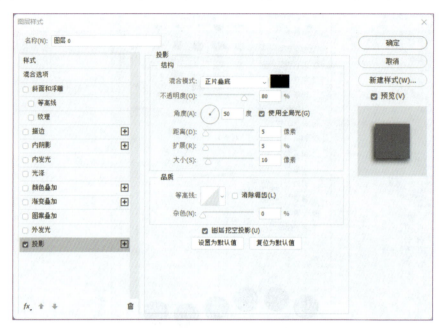

图4-3-96　"图层样式"对话框

（8）在邮票内部添加文字。单击工具箱中的"直排文字工具"，在邮票左侧输入"中国邮政"，设置字体黑体、字号75点，并选择工具箱中的"横排文字工具"，在邮票左上角输入"8分"，字体颜色黄色，字体方正姚体，字号72点，最终效果如图4-3-97所示。

图4-3-97　邮票效果图

（9）保存文件。以"ex4-8.jpg"为文件名保存图像。

6. 图层蒙版和剪贴蒙版

Photoshop强大的功能，很大一部分体现在蒙版技术的成熟和专业化上，而且Photoshop中几乎所有的高级应用都体现了蒙版技术的精髓。

Photoshop中的蒙版主要分为两大类：一类的作用类似于选择工具，用于创建复杂的选区，主要包括快速蒙版、横排文字蒙版和直排文字蒙版；另一类的作用主要是为图层创建透明区域，而又不改变图层本身的图像内容，主要包括图层蒙版和剪贴蒙版。前面介绍选区时已经详细介绍了第一类蒙版的使用，下面重点介绍第二类蒙版的用法。

1）图层蒙版的使用

创建图层蒙版可以控制图层中的不同区域被隐藏或显示，也可以通过对蒙版上颜色的改变来达到对原图层透明效果的设置，白色表示不透明，黑色表示全透明，灰色表示半透明。通过更改图层蒙版，可以将大量特殊效果应用到图层，而实际上不会影响该图层上的像素。

（1）创建图层蒙版。除"背景"外，其他所有图层都可以添加图层蒙版。创建图层蒙版的方法，单击"图层"面板中的"图层蒙版"按钮 ▢，即可为图层添加一个图层蒙版。

> **!注意**：
> 在对图层进行操作时，要注意区分一下所选中的是图层本身还是图层的蒙版，如果一个白色的框选中了图层缩略图，那选中的就是图层本身，所有的操作都是针对图层本身的，如果白色的框选中了后面的图层蒙版，那所有的操作就是针对图层蒙版的。

（2）删除或停用图层蒙版。右击图层蒙版的缩略图，在弹出的快捷菜单中选择"删除图层蒙版"命令，图层蒙版直接被删除，如果选择"停用图层蒙版"命令，则"图层"面板如图4-3-98所示。

图 4-3-98　停用图层蒙版

例4-9 利用图层蒙版制作校园宣传海报，效果如图4-3-99所示。

① 新建一个Photoshop文件（16厘米×12厘米、RGB. 300 ppi、白色背景）的文档。打开"校园风光1.jpg""校园风光2.jpg""校园风光3.jpg"，利用"移动工具" ⊕ 分别拖动3张校园风光图片到新建的文件窗口中，如图4-3-100所示，"图层"面板如图4-3-101所示。

视 频

利用图层蒙版制作校园宣传海报

图 4-3-99　校园宣传海报效果

图 4-3-100　移动并合成图片

图 4-3-101　合成后的"图层"面板

② 添加图层蒙版。分别选中"图层1""图层2""图层3",然后单击"图层"面板下方的"图层蒙版" 按钮,分别为"图层1""图层2""图层3"添加图层蒙版,利用画笔工具,设置前景色为黑色,分别在"图层1""图层2""图层3"的图层蒙版上绘制,使每张图片边缘处于半透明状态,绘制时要配置不同的不透明度,如图4-3-102和图4-3-103所示。

图 4-3-102　图层蒙版上绘制

图 4-3-103　添加图层蒙版后

③ 新建图层。单击"图层"面板下方的"创建新图层"按钮，在"图层3"上方新建"图层4"，设置前景色为金色（#f9fc0e），如图4-3-104所示，按【Alt+Delete】组合键为"图层4"填充前景色，如图4-3-105所示。

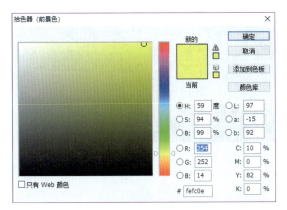

图 4-3-104　设置前景色

图 4-3-105　为新图层填充颜色

④ 添加滤镜效果。选择"图层4"，选择"滤镜"|"杂色"|"添加杂色"命令，打开"添加杂色"对话框，设置数量为30%；选择"滤镜"|"模糊"|"动感模糊"命令，打开"动感模糊"对话框，设置距离为600，滤镜效果如图4-3-106所示。

图 4-3-106　滤镜效果

⑤ 单击"图层"面板中的"添加图层蒙版"按钮，为"图层4"添加图层蒙版，如图4-3-107所示。利用画笔工具设置前景色为黑色，设置画笔笔尖大小1 000 px，硬度0%，在"图层4"的图层蒙版左下角绘制，绘制时要配置不同的不透明度，如图4-3-108所示。

⑥ 添加学校logo。打开"上大logo"，利用魔棒工具选取上海大学校标后，利用"移动工具"将其拖动到新建的文件窗口中，按【Ctrl+T】组合键打开自由组合命令，等比缩放校标，移动至右上角，如图4-3-109所示。

图 4-3-107　添加图层蒙版

图 4-3-108　设置不透明度

图 4-3-109　添加 Logo

⑦ 添加文字。选择"横排文字工具"，设置字体"华文行楷"，大小36点，颜色"#013901"，输入"励志梦想"；单击工具属性栏中的按钮，打开"变形文字"对话框，设置样式为"波浪"，垂直扭曲为"+66"，如图4-3-110所示。

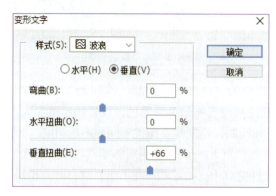

图 4-3-110　"变形文字"对话框

⑧ 再次利用"横排文字工具",输入"从上海大学起飞!",做出最终效果图。
⑨ 保存文件。以"ex4-9.jpg"为文件名保存图像。

2）剪贴蒙版的使用

剪贴蒙版是一个可以用其任意形状遮盖其他图层的像素。因此使用剪贴蒙版,只能看到蒙版形状内的区域,从效果上来说,就是将上层图层的像素裁剪成蒙版的形状。

> **注意:**
> 剪贴蒙版的操作要点是"上图下形","上图"是指上面图层是有像素的图像,"下形"是指下面图层是由形状图层创建的蒙版形状。

创建剪贴蒙版的方法是先选中上面的图层,再选择"图层"|"创建剪贴蒙版"命令。如果选中上面图层,右击,在弹出的快捷菜单中选择"释放剪贴蒙版"命令,即可将该图层从剪贴蒙版中释放出来。

例 4-10 利用剪贴蒙版制作艺术画"牡鹿望月"。

① 打开素材文件"雏菊.jpg"图片,为雏菊图片添加"杂色"|"添加杂色"滤镜,打开图4-3-111所示的"添加杂色"对话框,设置数量25%,平均分布,勾选"单色"单选按钮。

② 在雏菊图片中,在工具箱中选择"自定义形状工具",在属性栏中的自定形状拾色器下拉框"野生动物"中选择"牡鹿"形状,填充黑色,如图4-3-112所示。

③ 创建剪贴蒙版。在"图层"面板中,单击背景图层后的小锁图标,解锁背景图层,然后按下鼠标左键拖动调整图层顺序,将"牡鹿"形状图层放在底层,选中解锁后的背景图层"图层0",执行"图层"|"创建剪贴蒙版"命令后,"图层"面板如图4-3-113所示,效果如图4-3-114所示。

图 4-3-111 "添加杂色"对话框

视 频
利用剪贴蒙版制作艺术画"牡鹿望月"

图 4-3-112 绘制牡鹿形状

图 4-3-113　创建剪贴蒙版后的"图层"面板

图 4-3-114　创建剪贴蒙版后效果

④ 合成图片。右击"图层0",在弹出的快捷菜单中选择"合并可见图层"命令,得到填充了雏菊图案的牡鹿"图层0",打开素材图片"月亮.jpg",并回到雏菊文件中,选择工具箱中的"移动工具",选中"图层0",按下鼠标左键拖动"图层0"至"月亮.jpg"图片中松开鼠标左键,并按下【Ctrl+T】组合键调整大小位置,如图4-3-115所示。

图 4-3-115　合成图片

⑤ 为牡鹿添加外发光的图层样式。单击选中合成过来的牡鹿"图层1",再单击图层面板左下角的"图层样式"按钮(fx),为牡鹿图层添加方法"柔和",扩展20%,大小45像素的外发光图层样式,"图层样式"对话框中的设置如图4-3-116所示。

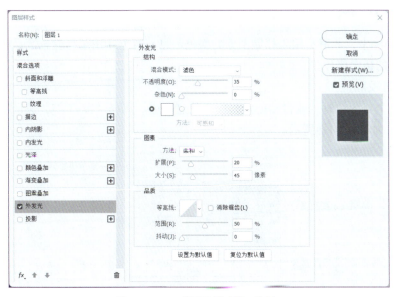

图4-3-116 "图层样式"对话框

⑥ 输入文字。单击工具箱中的"直排文字蒙版工具",在画布的右侧位置输入"牡鹿望月",字体为"华文新魏",大小"150点",单击"图层"面板右下角的"创建新图层"按钮,画布上出现"牡鹿望月"选区后,选择"编辑"|"描边"命令,弹出"描边"对话框,如图4-3-117所示,单击"确定"按钮后,最后的效果如图4-3-118所示。

⑦ 保存文件。以"ex4-10.jpg"为文件名保存图像。

图4-3-117 "描边"对话框

图4-3-118 艺术画"牡鹿望月"效果图

4.3.7 通道和滤镜

在Photoshop中，通道是用来存储图像的颜色信息，通道还用来存储选区，这样可以方便用户处理图像的特定部分。

1. 通道面板

当打开一个新图像时，就自动创建了颜色信息通道。选择"窗口"|"通道"命令，打开"通道"面板，如图4-3-119所示。

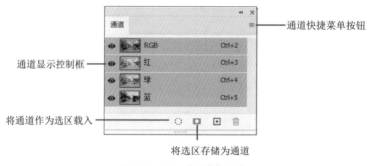

图 4-3-119 "通道"面板

（1）通道快捷菜单：单击右上角的通道快捷菜单按钮，将弹出一个快捷菜单，用来执行与通道有关的各种操作。

（2）通道显示控制框：用来控制该通道在图像窗口中的显示或隐藏。眼睛图标睁开状态表示显示，单击眼睛图标，眼睛图标消失表示隐藏某个通道。

（3）将通道作为选区载入：单击该按钮可以根据当前通道中颜色深浅转化为选区。

（4）将选区存储为通道：单击该按钮可以将当前选区转化为一个Alpha通道。

2. 通道的类型

通道作为图像的组成部分，是与图像的格式密不可分的，图像颜色、格式的不同决定了通道的数量和模式，在通道面板中可以非常直观地看到。

在Photoshop中涉及的通道主要有以下几种：颜色通道、复合通道、专色通道、Alpha通道和单色通道。

1）颜色通道

在打开或新建一幅图像时，Photoshop自动创建颜色信息通道。图像的颜色模式决定了颜色通道的数目。例如：RGB图像模式有红色、绿色、蓝色三个通道。CMYK图像模式有青色、洋红、黄色、黑色四个通道。位图模式和灰度模式只有一个通道。

查看一个RGB通道时，其中暗色调表示没有这种颜色，而亮色调具有该颜色。也就是说当一个红色通道非常浅时表明图像中有大量的红色，反之一个非常深的红色通道表明图像中的红色较少，整个图像的颜色将会呈现红色的反向颜色——青色。

CMYK模式的图像文件主要用于印刷，而印刷是通过油墨对光线的反射来显示颜色的，而不像RGB模式是通过发光来显示颜色，所以CMYK是用减色法来记录颜色数据的。在一个CMYK通道中，暗调表示有这种颜色，而亮色调表示没有该颜色，这正好与RGB通道相反。

Lab模式的颜色空间与前面两种完全不同。Lab不是采用为每个单独的颜色建立一个通道，而是采用两个颜色极性通道和一个明度通道。其中，a通道为绿色到红色之间的颜色；b通道为蓝色到黄色之间的颜色；明度通道为整个画面的明暗强度。

2）专色通道

专色通道（spot channel）是一种特殊的颜色通道，它可以使用除了青色、洋红、黄色、黑色以外的颜色来绘制图像。专色通道一般人用得较少且多与打印有关。

3）Alpha 通道

Alpha通道（alpha channel）是计算机图形学中的术语，指的是特别的通道。有时，它特指透明信息，但通常的意思是"非彩色"通道。这是人们真正需要了解的通道，可以说人们在Photoshop中制作出的各种特殊效果都离不开Alpha通道，它最基本的用处在于保存选区，并不会影响图像的显示和印刷效果。

利用Alpha通道还可以创建和存储蒙版，可以很方便地操作和保护图像的特定部分。

4）复合通道

复合通道（compound channel）不包含任何信息，实际上它只是同时预览并编辑所有颜色通道的一个快捷方式。它通常被用来在单独编辑完一个或多个颜色通道后使通道面板返回它的默认状态。

5）单色通道

单色通道的产生比较特别，如果在通道面板中随便删除其中一个通道，就会发现所有的通道都变成"黑白"的，原有的彩色通道即使不删除也会变成灰度的。

通道也会增加图形文件的大小，所以，在图像处理过程中，不要轻易使用通道，要根据实际需要灵活使用通道。

一幅图像最多可以创建24个通道，通道文件所占大小由通道中的图像信息决定。某些文件格式将压缩通道信息以节约空间，例如TIFF格式和PSD格式。

3. 通道操作

对图像的编辑实质上是对通道的编辑，因为通道才是真正记录图像信息的地方，无论色彩的改变、选区的增减、渐变的产生，都可以追溯到通道中。

1）创建通道

单击"通道"面板底部的"创建新通道"按钮，可以快速新建一个Alpha通道。另外，也可以单击"通道"面板右上角的"通道快捷菜单"按钮，在弹出的快捷菜单中选择"新建通道"命令，将打开"新建通道"对话框，如图4-3-120所示。设置完成后单击"确定"按钮，即可新建一个Alpha通道，如图4-3-121所示。

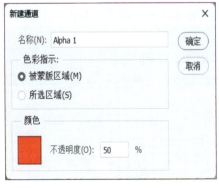

图 4-3-120 "新建通道"对话框

图 4-3-121 新建 Alpha 通道

2）复制通道

如果需要对通道直接进行编辑，最好先复制该通道后再进行编辑，以免编辑后不能还原。在需要复制的通道上右击，在弹出的快捷菜单中选择"复制通道"命令，即可打开如图4-3-122所示的"复制通道"对话框，单击"确定"按钮，即复制出一个新通道，如图4-3-123所示。

图 4-3-122 "复制通道"对话框

图 4-3-123 复制通道

3）删除通道

由于包含Alpha通道的图像会占用更多的磁盘空间，所以存储图像，应删除不需要的Alpha通道。在要删除的通道上右击，在弹出的快捷菜单中选择"删除通道"命令即可。也可以用鼠标将要删除的通道拖动到"通道"面板下方的删除按钮上。

4）存储和载入选区

可以选择一个区域存储到一个Alpha通道中，在以后需要使用该选区时，再从这个Alpha通道中载入这个选区即可。

（1）存储选区。先绘制一个选区，然后单击通道面板下的"将选区存储为通道"按钮，此时，选区已作为通道被保存，通道中白色区域是选区。

（2）载入选区。载入选区后，使用时即可将其调出。当要载入选区时，先按住【Ctrl】键，同时单击要载入的选区的通道，则选区直接被载入。

- 视频

利用通道抠图"抠取"蒲公英

4. 通道抠图应用实例

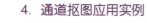 4-11 利用通道抠图的方法抠出蓝天背景下的蒲公英。

对有些图像，即使用上最灵活的钢笔工具、最精密的图层蒙版、最巧妙的调整图层也难以处理。例如：披着卷发的女子、交错纷杂的鲜花、毛发柔软的小动物和毛茸茸的蒲公英。对于此种类型的图像，就要换一种方法来处理了，我们就用通道抠图的方法来试试看。

① 打开素材图片"蒲公英.jpg"图片，如图4-3-124所示。

② 在"通道"面板中，选择一个对比比较明显的通道，这里选择"红"通道并复制，如图4-3-125所示。

③ 调整色阶。按【Ctrl+L】组合键或者选择"图像"|"调整"|"色阶"命令，打开"色阶"对话框，设置如图4-3-126所示，增强黑白色调之间的对比。

④ 设置前景色为黑色，选择工具箱中的"画笔工具"在"红 副本"通道上涂抹黑色，结果如图4-3-127所示。

· 110 ·

图 4-3-124　打开素材图片

图 4-3-125　复制"红"通道

图 4-3-126　"色阶"对话框

图 4-3-127　画笔涂抹通道后

> **注意：**
> 在"通道"面板中，白色可以作为选区载入，灰色可以作为羽化的选区载入，黑色不能作为选区载入。

⑤ 按住【Ctrl】键的同时单击"红 拷贝"通道，载入选区。重新选择RGB通道（全部通道图层呈选中状态）后，选择"图层"|"通过拷贝的图层"命令，或者返回"图层"面板中，按【Ctrl+J】组合键复制图层，"图层"面板如图4-3-128所示。

图 4-3-128　抠取蒲公英后

⑥ 最后复制蒲公英图层，更换合适的背景以及说明文字，最终效果如图4-3-129所示。

图 4-3-129　最终效果图

⑦ 保存文件。以"ex4-11.jpg"为文件名保存图像。

5. 滤镜

滤镜是Photoshop特色之一，具有强大的功能。滤镜可以改善图像的效果并掩盖其缺陷，也可以在原图基础上产生许多特殊的效果。

滤镜只能应用在当前可视图层，一次只能应用在一个图层上。滤镜对图像格式有特殊要求。（滤镜不应用于位图模式、索引颜色和48位RGB模式的图像），部分滤镜应用可能需要较长时间等待结果，退出等待按【Esc】键。滤镜可以多次应用（叠加），只需多次按【Ctrl+F】组合键。在任意一个滤镜对话框中，按住【Alt】键时，对话框中的"取消"按钮都会变成"复位"按钮，可帮助复位该滤镜的参数。

Photoshop中的滤镜可分为两种类型：内置滤镜（自带滤镜）和外挂滤镜（第三方厂商为PS所生产的滤镜，外挂是扩展应用软件的补充性程序）。Photoshop中一共提供了100多种内置滤镜，"滤镜"菜单包括了Photoshop中的全部滤镜，如图4-3-130所示。其中，"滤镜库""液化""消失点"滤镜等是特殊的滤镜，它们被单独列出，而其他滤镜按照不同的处理效果主要分为11类，被放置在不同类别的滤镜组中。

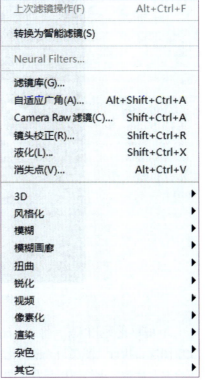

图 4-3-130　滤镜菜单

6. 滤镜的使用原则

在使用滤镜命令处理图像时，必须遵循一定的原则：

（1）滤镜只对当前图层或选区有效。图像上创建了选区，滤镜只作用于选区内的图像，没有创建选区时，滤镜则只对当前图层中的图像起作用；如果当前选择的是一个通道，滤镜只对该通道进行处理。

（2）滤镜只对可见图层或有色区域有效。如果选中图层的状态为隐藏，或选中区域为透明区域，则不能执行滤镜命令。

（3）"RGB颜色"模式的图像可以使用全部的滤镜，"CMYK颜色"模式的图像只能使用部分滤镜。而"索引颜色"模式和"位图颜色"模式的图像则不能使用滤镜，只有转化成"RGB颜色"模式后才能使用。

（4）"8位/通道"模式的图像可以使用全部的滤镜，"16位/通道"模式的图像和"32位/通道"模式的图像只能使用部分滤镜，如"高反差保留""最大值""最小值""位移"滤镜等。

7. 滤镜应用实例

● 视 频
利用滤镜制作火焰字

例4-12 利用滤镜制作熊熊燃烧的火焰字。

① 新建文件。启动Photoshop 2024，单击"新建"按钮，创建一个500×500像素，分辨率为72像素/英寸、RGB颜色模式、8位、黑色背景的新图像。

② 输入文字。单击工具箱中的"横排文字工具"，输入"火焰"两个字，字体"华文新魏"，大小150点，颜色白色，如图4-3-131所示。

图4-3-131　输入文字"火焰"

③ 栅格化文字图层。将"火焰"文字移动至画布中央，调整好大小后，单击选中"火焰"文字图层，执行"图层"|"栅格化"|"文字"命令，栅格化文字图层，然后执行"图层"|"向下合并"命令，火焰图层与背景图层合并，"图层"面板效果如图4-3-132所示。

④ 调整图像。选择"图像"|"图像旋转"|"逆时针旋转90度"命令，如图4-3-133所示。

⑤ 应用滤镜。选择"滤镜"|"风格化"|"风"命令，如图4-3-134所示，再重复执行两次后，效果如图4-3-135所示。

⑥ 再次调整图像。选择"图像"|"图像旋转"|"顺时针旋转90度"命令，效果如图4-3-136所示。

图 4-3-132　栅格化文字图层并与背景图层合并

图 4-3-133　旋转图像

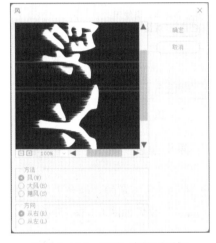

图 4-3-134　"风"滤镜对话框

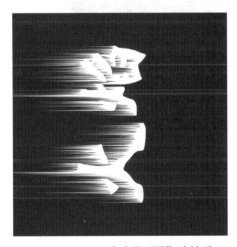

图 4-3-135　三次应用"风"滤镜后

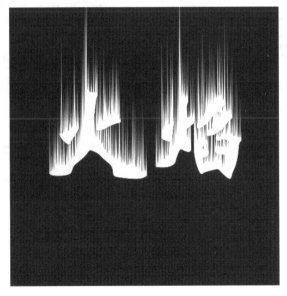

图 4-3-136　顺时针旋转画布后

⑦ 再次应用滤镜。选择"滤镜"|"扭曲"|"波纹"命令，弹出"波纹"对话框，如图4-3-137所示。如图设置好参数后，单击"确定"按钮。

⑧ 转换图像模式。选择"图像"|"模式"|"灰度模式"命令，弹出图4-3-138所示的"信息"对话框，单击"扔掉"按钮，图像即刻转换为黑白图像。

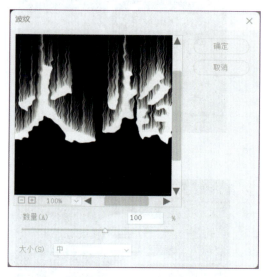

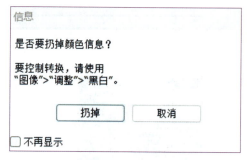

图 4-3-137 "波纹"对话框　　　　　图 4-3-138 "信息"对话框

⑨ 再次转换图像模式。选择"图像"|"模式"|"索引颜色"命令，将图像转换为索引模式。

⑩ 选择"图像"|"模式"|"颜色表"命令，弹出图4-3-139所示的"颜色表"对话框，在"颜色表"后的列表框中选择"黑体"后，最终的"火焰字"效果如图4-3-140所示。

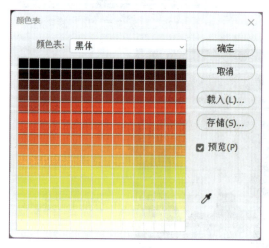

图 4-3-139 "颜色表"对话框　　　　　图 4-3-140 火焰字效果

⑪ 保存文件。以"ex4-12.png"为文件名保存图像。

习 题

一、单选题

1. 下面四个设备中，（　　）设备不能用于获取数字图像。
   A. 视频捕捉卡　　B. 数码照相机　　C. 显示器　　D. 扫描仪
2. 在 Photoshop 中，对于对比度较高的图像，可使用（　　）工具跟踪图形的轮廓。
   A. 矩形选择工具　　　　　　　　　B. 多边形套索工具
   C. 磁性套索工具　　　　　　　　　D. 椭圆选框工具
3. 矢量图形和位图图形相比，（　　）是矢量图形的优点。
   A. 变形、放缩不影响图形显示质量　　B. 色彩丰富
   C. 图像所占空间大　　　　　　　　D. 会产生锯齿
4. Photoshop 中使用自由变换对选区对象或整个图层进行移动、缩放、旋转等多种变形操作，快捷组合键是（　　）。
   A. Ctrl+A　　B. Ctrl+T　　C. Ctrl+D　　D. Ctrl+L
5. 在 Photoshop 中，文字图层不能执行的操作是（　　）。
   A. 添加图层样式　　　　　　　　　B. 改变不透明度
   C. 添加滤镜　　　　　　　　　　　D. 油漆桶工具填充颜色
6. 色彩调整对图像画质起着至关重要的作用，以下关于色彩调整描述正确的是（　　）。
   A. "色相/饱和度"命令可以调整图像中特定颜色分量的色相、饱和度和明度
   B. 亮度/对比度用来调整色偏
   C. 色彩平衡用于制作特殊色彩效果
   D. 色阶命令只能够调整图像的明暗变化，不能调整图像的色彩
7. 如果想将当前图层像素与下方图层像素进行像素颜色的混合，从而产生不同的叠加效果，可以设置（　　）。
   A. 图层样式　　B. 图层混合模式　　C. 剪贴蒙板　　D. 图层蒙板
8. 关于滤镜，以下说法错误的是（　　）。
   A. 滤镜可以应用在选区、图层、蒙板、通道上
   B. 在 Photoshop 中不可以加载外挂的滤镜
   C. 滤镜可以用来创建图像特效
   D. 滤镜对图像像素的位置、数量、颜色值等信息进行改变
9. 关于 Photoshop 中的通道，下列说法错误的是（　　）。
   A. 颜色通道存储颜色信息，可以用来调整图像的颜色
   B. Alpha 通道存储选区信息，可利用绘图工具和滤镜来修改选区
   C. 专色通道存储印刷用的专色
   D. 图层通道存储图层样式，可用来调整图层的样式

10. 以下（　　）不属于计算机视觉的识别技术。
    A. 物体颜色识别　　　　　　　　B. 物体行为识别
    C. 物体智能识别　　　　　　　　D. 物体形状识别

二、多选题

1. 以下对蒙版文字说明正确的是（　　）。
    A. 蒙版文字输入完成后，将产生文字矢量图层
    B. 蒙版文字时，进入蒙版状态，图像会被 50% 不透明度的红色保护
    C. 蒙版文字只形成文字选区，不生成文字层
    D. 蒙版文字的修改一定要在提交之前进行

2. 在 Photoshop 中，以下（　　）能应用图层样式及图层变换。
    A. 图像图层　　　B. 文字图层　　　C. 背景图层　　　D. 形状图层

3. 矢量图形和位图图形相比，（　　）是矢量图形的优点。
    A. 变形、放缩不影响图形显示质量　　B. 色彩丰富
    C. 图像所占空间大　　　　　　　　D. 图像所占空间小

4. 在 Photoshop 中，文字图层能执行的操作是（　　）。
    A. 添加图层样式　　　　　　　　B. 添加滤镜
    C. 改变不透明度　　　　　　　　D. 油漆桶工具填色

5. 在 Photoshop 中，当选择渐变工具时，在工具选项栏中提供了五种渐变的方式。下面四种渐变方式里，（　　）不属于渐变工具中提供的渐变方式。
    A. 线性渐变　　　B. 特殊渐变　　　C. 角度渐变　　　D. 模糊渐变

第 5 章 数字动画处理技术

学习目标

◎ 了解数字动画相关的基本知识。
◎ 了解 Animate 的产生与版本演变。
◎ 掌握 Animate 中各种工具的功能和使用方法。
◎ 熟练掌握各种动画的相关操作。

学习重点

◎ 工具箱中重点工具的使用。
◎ 关键帧的使用。
◎ 各种动画的相关操作。

数字动画处理是指综合利用美术学、音乐学、计算机技术等多种学科知识及技术在数字设备上，如计算机或平板电脑等移动终端上进行动画创作和编辑。本章主要介绍数字动画的基本知识和二维动画方面的相关知识。

5.1 数字动画处理基础

5.1.1 数字动画基础知识

1. 动画产生的原理

动画由许多内容连续但又各不相同的画面组成，由于人眼具有视觉残留现象，当以一定的速度播放动画画面时，人眼就可以看到连续的画面，画面产生了运动的视觉效果。

人在看物体时，物体在大脑视觉神经中的停留时间约为1/24 s。如果两个视觉印象之间的时间间隔不超过1/24 s，当前一个视觉印象尚未消失，而后一个视觉印象已经产生，并与前一个视觉印象融合在一起时，就会形成视觉残留现象，这就是动画产生的基本原理。无论是传统动画还是数字动画，都是利用这一原理来进行制作的。

动画的不同组成画面之间会有差异，这些差异可能包括位置、颜色和亮度等变化。在传统动画的制作中，这些变化是通过制作者手工绘制出来的。而现在，则可以通过计算机的运算,来自动产生各种各样的变化。

无论是用哪种方法来制作动画,都有一些共同规律应该遵循:

(1)画面之间差异和连续的统一。没有差异,就不会有运动的效果。没有连续,就会使运动不连贯,造成运动的失真。

(2)把握好景物状态变化的客观规律。如物体运动的规律、光线和色彩变化的规律等。

(3)按照人的视觉规律和审美观念,安排画面空间和运动节奏。

2. 数字动画

数字动画主要是将计算机技术应用于动画制作。相对于传统动画复杂的制作过程,数字动画可以节省大量的人力、物力和时间。而且由于数字动画采用数字处理方式,动画的画面色调、运动效果等可以不断改变,输出方式也多种多样,突破了传统动画的技术局限。

数字动画制作软件有很多,不同的动画效果,取决于不同的数字动画制作软件及硬件的功能。虽然动画制作的复杂程度不同,但动画的基本原理是一致的。

目前,数字动画的应用已经非常广泛。电视广告、影片的片头和片尾、动画片、数字教学资源等,都可以通过数字动画的方式创作完成。

5.1.2 数字动画分类

根据不同的视觉效果,可以将数字动画分为二维动画和三维动画。

1. 二维动画

二维动画又称平面动画。二维动画运用了传统动画的概念,通过平面上物体的运动和变形来实现动画。二维动画是动画艺术和计算机图形图像处理技术相结合的产物,它综合利用艺术、计算机技术、数学、物理等学科的知识,用计算机生成绚丽多彩的虚拟真实画面。

二维动画是对手工传统动画的一个改进。与手工动画相比,它使用计算机进行角色设计、背景绘制、描线上色等常规工作,具有操作方便、颜色一致、准确等特点。由于工艺环节减少,不需要通过胶片拍摄和冲印就能预演结果,发现问题即可在计算机中修改,既方便又节约时间。二维动画提高了动画制作的生产效率,缩短了制作周期,很多重复劳动可以借助计算机来完成,比如计算机生成的图像可以复制、翻转、放大、缩小。

但是,计算机技术在动画制作中仅起到辅助作用,不能代替人的创造性,动画的构思和设计仍然需要动画师来完成。

2. 三维动画

三维动画又称3D动画,是随着计算机软硬件技术的发展而产生的技术。三维动画软件在计算机中首先建立一个虚拟的世界,设计师在这个虚拟的三维世界中按照要表现的对象的形状尺寸建立模型以及场景,再根据要求设定模型的运动轨迹、虚拟摄影机的运动和其他动画参数,最后按要求为模型赋上特定的材质,并打上灯光。当这一切完成后就可以让计算机自动运算,生成最后的画面。

三维动画技术模拟真实物体的方式使其成为一个有用的工具。由于其精确性、真实性和无限的可操作性,目前被广泛应用于医学、教育、军事、娱乐等诸多领域。

5.2 Animate 概述

5.2.1 Animate 简介

目前比较流行的二维动画制作软件是Adobe公司的Animate软件，它的前身是Macromedia Flash。Adobe公司2005年将该软件收购后改名为Adobe Flash，后来自2013年开始正式将该软件更名为Adobe Animate CC对外发售。

Animate是一个基于矢量图形的动画制作软件，可以用来绘制和编辑矢量图形，也可以导入外部的矢量图形文件。如果导入的是位图文件，则可以根据需要将其转换为矢量图形后再进行后续编辑操作。

Animate以时间轴作为对动画创作和控制的主要手段，直观且方便，提供的动画工具也很丰富。由于能将脚本语言加入动画中，因此Animate动画具有很强的交互性。

本章以Animate CC 2024版本为例介绍Animate的相关内容。

5.2.2 Animate 基本使用

1. 启动 Animate 软件

启动Animate软件后，会出现图5-2-1所示的启动画面，进入软件后选择"文件"|"新建"命令，打开"新建文档"对话框，如图5-2-2所示。在这里可以对Animate工程文件进行相关设置，如选择不同类别预设参数，调整舞台大小、帧速率、平台类型等。

图 5-2-1　Animate 启动画面

图 5-2-2　Animate "新建文档" 对话框

在图5-2-2所示的对话框中，单击"创建"按钮，进入Animate主界面，如图5-2-3所示。

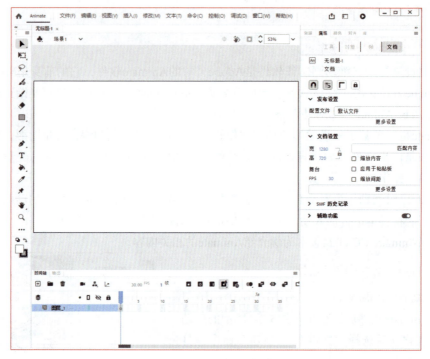

图 5-2-3 Animate 主界面

2. 保存 Animate 工程文件

在Animate中完成相应工作后，可选择"文件"|"保存"或"另存为"命令保存当前动画作品的工程文件，Animate的工程文件扩展名为fla，注意保存文件的路径和文件名。

3. 导出 Animate 作品文件

在Animate中制作的动画作品可以输出为多种格式的文件，这些格式包括电影文件、视频文件、图像文件、可执行文件等。可选择"文件"|"导出"|"导出影片"命令将动画作品导出为电影（扩展名为swf）、avi文件或GIF动画格式的文件。也可将电影中的声音导出为wav文件。

4. 发布 Animate 作品

作品的发布是为了在网上播放Animate的作品。可以发布为swf文件，也可以生成HTML文件。

选择"文件"|"发布设置"命令，可在"发布设置"对话框中进行各种发布参数设置。设置完毕后选择"文件"|"发布"命令发布作品。

5.2.3 Animate 界面

Animate为了高效地完成各项工作，将整个窗口划分成了不同的功能区域，每个区域有相应的面板或工具按钮供用户使用，具体分布情况如图5-2-4所示。

1. 菜单栏

Animate的菜单栏包含了Animate中所有的常用命令。菜单栏包含了文件、编辑、视图、插入、修改、文本、命令、控制、调试、窗口和帮助菜单，每个菜单都包含一组命令以完成相应操作。

第 5 章 数字动画处理技术

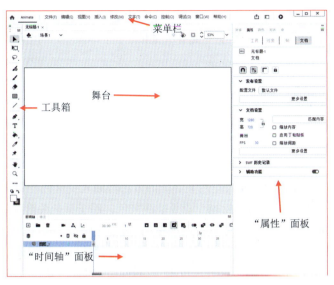

图 5-2-4　Animate 工作界面

2. 工具箱

Animate 的工具箱面板中包含了选取、绘图、喷涂、修改及编排文字等各种工具。用户可以根据本人使用习惯将工具面板划分为不同区域，并可以指定每个区域所包含的具体工具。工具面板各种工具的具体使用方法在后续章节会详细介绍。

3. "时间轴"面板

"时间轴"面板是 Animate 进行动画创作和编辑的主要工具，可以用来创建不同类型的动画效果。还可以对制作中的动画作品进行播放预览，使用户可以更准确地对动画进行调整。Animate 把动画按时间顺序分解成帧，时间轴上的每一个小格称为一个"帧"，即某一时刻的静止画面，它是 Animate 动画最小的时间单位。每一帧中可以包含不同的对象，当影片连续播放时，每一帧中的画面依次出现，就产生了动画影片。"时间轴"面板分为左、右两个区域，如图 5-2-5 所示。

图 5-2-5　"时间轴"面板

（1）"时间轴"面板左侧区域是图层控制区。每一行表示一个图层，一个图层就像一张透明的胶片，每个图层中的动画内容都是独立的，对一个图层中的对象进行编辑时不会影响其他图层中的内容。一部动画就是由各个图层的动画叠加（透明胶片叠加）而成的。使用图层控制区中的按钮可以完成新建、删除、隐藏和锁定图层等操作。拖动图层可以调整图层的顺序；双击图层名可以重命名图层。

（2）"时间轴"面板右侧区域是帧控制区。动画中的一个画面就是一帧，帧的连续播放就产生动画的效果。Animate中帧的类型主要有关键帧、空白关键帧、普通帧、过渡帧和属性关键帧等。

① 关键帧。关键帧是表现动画中关键性内容或动作变化所处的那一帧，在时间轴中以一个黑色实心圆表示。选择"时间轴"面板中的某一帧，选择"插入"|"时间轴"|"关键帧"命令或者右击"时间轴"面板中的某一帧，在弹出的快捷菜单中选择"插入关键帧"命令，可以插入一个关键帧。

② 空白关键帧。空白关键帧的舞台内容是空白的，主要用来结束前一个关键帧的内容，在时间轴中以一个空心圆表示。插入空白关键帧的方法与插入关键帧相似。

③ 普通帧。普通帧是具有内容的帧，背景呈浅灰色，用于延长关键帧的播放时间。

④ 过渡帧。过渡帧是在两个关键帧之间创建动画后，由Animate自动生成的帧。过渡帧出现在两个关键帧之间，由前一个关键帧过渡到后一个关键帧的所有帧组成。

⑤ 属性关键帧。属性关键帧是在补间范围中为补间目标对象显式地定义一个或多个属性值的帧，属性值包括位置、倾斜、缩放、大小、旋转、透明度、颜色、滤镜等，在"时间轴"面板中以一个黑色实心菱形表示。

在制作动画时，可以根据需要对帧进行选择、插入、删除、复制、移动和翻转等操作。

4. 舞台

舞台是用来编辑制作动画的区域，可以在舞台中绘制图形，也可以导入外部图像、音频或视频等文件。舞台的大小和背景颜色可以根据需要来设置，超出舞台范围的对象在播放动画时不可见。

选择"修改"|"文档"命令，打开"文档设置"对话框，如图5-2-6所示，可以修改舞台的大小、背景颜色和帧频等参数。

5. 场景

Animate中的场景是指一段相对独立的动画。一个完整的动画可以由一个或多个场景组成，而且在多场景动画中，动画会按照场景的顺序播放（使用交互功能的动画除外）。

（1）添加场景：选择"插入"|"场景"命令，进入新场景的编辑界面。

图 5-2-6 "文档设置"对话框

（2）切换场景：单击舞台左上方的"编辑场景"按钮，显示动画中所有的场景，选择其中的一个切换到相应的场景。

（3）"场景"面板：选择"窗口"|"场景"命令，打开"场景"面板，如图5-2-7所示，在"场景"面板中显示动画中所有的场景。用鼠标上下拖动场景图标，可以调整场景的顺序，从而改变Animate动画中场景的播放顺序。双击场景名称，进入场景名称的编辑状态，可以更改场景名称。利用"场景"面板中的按钮可以完成添加、重置和删除场景的操作。

图 5-2-7 "场景"面板

6. "属性"面板

"属性"面板用来显示和修改舞台中所选对象的属性。"属性"面板可以显示帧的属性、各种工具的属性、文档属性、元件属性等多种不同对象的属性。"属性"面板中显示的内容随着选择对象的不同而改变。

7. 其他面板

在Animate中包含了多种面板，选择"窗口"菜单中的相关命令可以打开或关闭面板。如：

（1）"库"面板：包含了所有导入的外部文件以及用户制作的元件，"库"面板用来管理制作动画时所用的素材。

（2）"动作"面板：用来编写程序。

（3）"动画预设"面板：对舞台中的对象应用系统预设的各种动画效果。

（4）"对齐"面板：对舞台中的对象进行自动对齐、间隔、匹配等操作。

（5）"颜色"面板：设置所选对象的边框和填充颜色。

（6）"变形"面板：精确地对舞台中所选对象进行旋转、变形和缩放等操作。

（7）"历史记录"面板：显示从打开当前文档起执行的所有步骤的列表，将历史记录面板中的滑块向上拖动，可以回到以前的操作步骤。

5.2.4 Animate基本概念

1. 元件

元件是Animate中重要而基本的元素。所谓元件，就是由用户创建的，存储在当前Animate文件的库中，可以反复使用的图形、按钮、动画和声音资源的总称。它可以独立于主动画进行播放，实际上也相当于一个小动画。

1）元件的类型

Animate中的元件包括图形元件、影片剪辑元件和按钮元件三种类型。

（1）图形元件是可以重复使用的静态图像/图形。

（2）影片剪辑元件用于创建一段有独立主题内容的动画片段，在主动画中可以重复使用。

（3）按钮元件用来创建动画中的交互按钮，通过事件来激发它的动作。在播放动画时，按钮元件对鼠标单击、滑过等事件作出响应，执行相应的动作。按钮元件有弹起、指针经过、按下和点击四种状态。按钮元件的四种状态含义如下：

① 弹起：表示鼠标没有接触按钮时按钮的状态。

② 指针经过：表示鼠标滑过按钮时按钮的状态。

③ 按下：表示鼠标单击按钮时按钮的状态。

④ 点击：指定鼠标的有效点击区域。

2）创建元件的方法

创建元件有两种方法，一种方法是先新建一个空元件，然后在元件编辑模式下创建元件的内容，另一种是将创建好的对象转换为元件。

（1）创建新元件。选择"插入"|"新建元件"命令，在打开的"创建新元件"对话框中设置元件的名称，选择元件类型，单击"确定"按钮后，进入元件的编辑模式制作元件。元件制作完成后，单击舞台左上角的"场景"按钮，退出元件的编辑模式，返回场景。新创建

的元件会存储到库中，打开"库"面板，可以看到已创建的新元件。

（2）将舞台中的对象转换成图形元件。右击舞台中需要转换为元件的图形，选择快捷菜单中"转换为元件"命令，然后在打开的"转换为元件"对话框中设置元件的名称，选择元件类型为"图形"，单击"确定"按钮，舞台中的图形便转换为图形元件，并自动存储到库中。

3）编辑元件

对已经创建的元件可以进行修改。在"库"面板中，双击要修改的元件，或者右击要修改的元件，选择快捷菜单中的"编辑"命令，进入元件的编辑模式，编辑完成后，单击舞台左上角的场景按钮，退出编辑模式。

4）元件实例

元件实例是元件的一个具体应用，将元件从"库"面板拖到舞台中，便创建了该元件的一个元件实例。选择舞台中的元件实例，在"属性"面板中可以查看该元件实例的属性，根据需要对其属性进行修改。

（1）元件实例的色彩效果。

制作动画时，经常要改变元件实例的色彩效果。选择舞台中的元件实例后，在"属性"面板的"色彩效果"的下拉列表框中有五个选项，可以用来设置元件实例的色彩效果，五个选项的含义如下：

① 无：表示取消对元件实例颜色的修改，回到原来的颜色。

② 亮度：设置元件实例的亮度。

③ 色调：通过色调的改变使颜色产生变化。

④ 高级：设置元件实例的透明度和颜色。

⑤ Alpha：设置元件实例的透明度。

（2）添加滤镜效果。

可以为影片剪辑元件和按钮元件的实例添加滤镜效果。选择舞台中的元件实例后，打开"属性"面板中的"滤镜"选项卡面板，单击面板下方的"添加滤镜"按钮，在打开的快捷菜单中选择一种滤镜应用到元件实例上即可。

2. 库

库用来存储和管理制作动画的素材。Animate将制作的元件及导入的外部素材文件存储在库中，每一个Animate文件都有一个库。

1）将外部文件导入库

可以将位图、音频和视频等文件导入Animate中，作为制作动画的素材。选择"文件"|"导入"|"导入到库"或"导入到舞台"命令，在打开的对话框中选择要导入的文件即可。如果导入的是视频文件，应选择"导入视频"命令。

2）打开外部库

Animate库中的对象可以被其他Animate文件使用，这样就不需要重复制作相同的素材，提高了动画制作效率。选择"文件"|"导入"|"打开外部库"命令，选择需要的Animate文件，便打开了所选文件的"库"面板，将库中的对象拖到当前文件的舞台中，对象会自动添加到当前文件的库中。

3）库中对象的基本操作

在"库"面板中，可以对库中的对象执行多种操作。例如，查看对象属性，重命名、删除和编辑对象等，还可以创建新元件。

4）公用库

公用库是Animate自带的素材库，其中包含了大量已经制作好的元件。选择"窗口"|"资源"命令，可以打开或关闭公用库。

3. 背景音乐

在Animate中可以导入WAV、MP3等格式的声音文件作为动画的背景音乐。如果导入的声音文件为双声道，在"库"面板的预览窗口中会显示两条波形。如果导入的声音文件为单声道，则显示一条波形。

1）添加背景音乐

为动画添加背景音乐时，通常在时间轴中创建一个新图层用于添加音乐素材。选择该图层，然后将导入库中的声音文件拖动到舞台中。此时，在新创建的声音图层中会显示声音的波形。

选择"控制"|"测试影片"命令，测试声音效果。

2）编辑声音效果

选择声音图层，可以在"属性"面板的"声音"选项卡中设置声音效果。如图5-2-8所示。各选项的含义如下：

① 名称：显示所选的声音文件的文件名。

② 效果：设置声音的播放效果，有左声道、右声道、淡入和淡出等多个选项。

③ 同步：设置声音的同步方式，有四个选项。事件选项使声音与某个事件同步；开始选项用于设置开始方式，当动画播放到导入声音的帧时，声音开始播放。停止选项用于停止声音的播放；数据流选项表示流方式，Animate强制声音与动画同步，以便在网络中同步播放，即当动画开始播放时，声音也随之播放，当动画停止时，声音也随之停止。

④ 声音循环：设置声音重复播放，有重复和循环两个选项。

图 5-2-8 "属性"面板中的"声音"选项卡

5.3 Animate 工具的使用

Animate 的工具箱中包含了众多工具，如图5-3-1所示。每个工具在绘制矢量图形时都有着自己独特的作用，一般将工具箱分为选择、绘图、颜色、视图、选项等部分。每部分都有一些固定的工具可供使用。用户也可以根据自己的使用习惯重新分区设置工具的位置。

工具箱一般以纵向排列的形式罗列工具，用户将鼠标悬停在某个工具图标时，可以看到该工具的文字说明及相应快捷键提示，如图5-3-2所示。如果工具图标右下角有一个黑色小三角形，说明它是一个工具组，长按鼠标可以看到该工具组里其他的工具按钮，根据实际需要单击选择相应的工具即可进行后续操作，如图5-3-3所示。

图 5-3-1　工具箱

图 5-3-2　工具箱中鼠标悬停时的文字提示

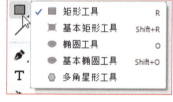

图 5-3-3　工具箱中鼠标长按时的工具组提示

接下来介绍工具箱中的主要工具及其功能。

5.3.1　对象选择

选择对象可通过选择工具组、套索工具组的相关工具进行操作。

1. 选择工具组

选择工具组是动画编辑时最常用的工具组，包括"选择工具"和"部分选取工具"，其中"选择工具"用于完成对象的选择、移动和变形等操作。"部分选取工具"用于选择形状上的节点，即以贝赛尔曲线的方式编辑对象轮廓。

1）选择对象

矢量图形即形状一般包含两部分：第一部分是指构成形状的边框，也称为笔触；第二部分为形状的填充区域。当用"选择工具"选取舞台中的形状时，选中不同的目标会导致不同的选择效果，如图5-3-4所示。

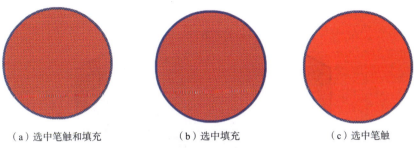

(a)选中笔触和填充　　　　　(b)选中填充　　　　　(c)选中笔触

图5-3-4　"选择工具"不同的选择效果

若要选择多个形状，可以先按住【Shift】键，然后用鼠标依次单击要选择的形状，或者拖动鼠标以框的形式进行选择。选择"修改"|"合并对象"|"联合"命令，可以将多个形状合成组，作为一个对象来处理。也可以将选中的形状转换为元件后组合进行后续处理。被选中的组边框为突出显示状态，如图5-3-5所示。

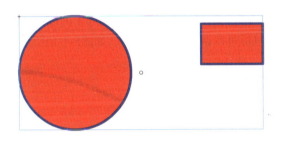

图5-3-5　"选择工具"选择多个对象组合

利用"选择工具"拖动鼠标也可以选择形状的一部分，如图5-3-6所示。此时只有拖动选取的这部分会被选中，如图5-3-7所示。

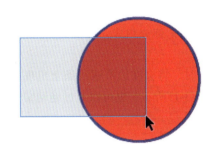 

图5-3-6　"选择工具"框选形状的一部分　　　图5-3-7　"选择工具"框选形状的一部分的效果

2）移动对象

一旦利用"选择工具"选择对象（全部或部分形状区域）后，按住鼠标即可将选择对象（包括笔触和填充部分）移动到其他位置。

3）调整对象

当鼠标指针移动到形状的边缘（笔触）时，在鼠标指针下方会出现弧线，此时拖动鼠标可以调整形状的弧度，如图5-3-8所示。

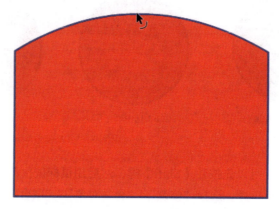

图 5-3-8 "选择工具"调整对象的效果

当鼠标指针指向未被选中的线条时，在鼠标指针下方会出现弧线，此时拖动鼠标可以调整形状的弧度，如图5-3-9所示。当鼠标指针指向未被选中的线条端点时，在鼠标指针下方会出现直角形状，此时拖动鼠标可以调整线条的长度，如图5-3-10所示。

图 5-3-9 "选择工具"调整线条弧度效果　　图 5-3-10 "选择工具"调整线条长度效果

4）"部分选取工具"效果

"部分选取工具"用于对形状边框（笔触、路径）上锚点的选取、拖动调整路径方向或删除等操作，从而达到编辑形状的作用。

> ⚠️ 注意：
> "部分选取工具"只能选取形状边框，不能选择填充部分内容。

选择"部分选取工具"后，单击形状的边框或线条时，将会在边框或线条上出现一系列的锚点，单击选择一个锚点后，可以拖动该锚点，如图5-3-11所示。也可以通过拖动锚点的控制手柄以改变边框或线条的形状，如图5-3-12所示。

图 5-3-11 "部分选取工具"调整锚点效果

图 5-3-12 "部分选取工具"调整锚点控制手柄

2. 变形工具组

变形工具组 包括"任意变形工具"和"渐变变形工具"（用于对填充的渐变颜色属性进行编辑和变形等操作）。

1）任意变形工具

"任意变形工具" 可用于完成对象的旋转、缩放、扭曲和倾斜等操作。选择"任意变形工具"后框选待变形对象，或者先正常选取待变形对象再单击选择"任意变形工具"，均可进入后续变形操作，此时对象会出现四条边框和八个方形句柄，如图5-3-13所示。

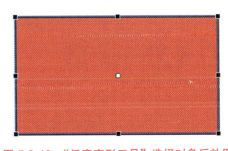

图 5-3-13 "任意变形工具"选择对象后效果

中心点 是旋转和缩放对象的中心，可以用鼠标更改中心点的位置以达到不同的效果。当鼠标指针移向边框顶点时，变成旋转箭头，拖动鼠标使对象转动，如图5-3-14和图5-3-15所示为同一个矩形不同中心点的旋转效果。

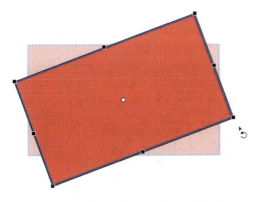

图 5-3-14 "任意变形工具"正常旋转对象效果

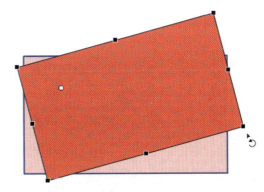

图 5-3-15 "任意变形工具"调整中心点后的旋转对象效果

当鼠标指针指向句柄时，变为双向箭头，将鼠标指针向箭头方向拖动时可以放大或缩小对象，配合【Ctrl】、【Shift】或【Alt】键可以实现不同的缩放效果。

当鼠标指针靠近或指向边框时，变为 或 ，拖动鼠标可使对象产生斜切变形，如图5-3-16所示。

2）渐变变形工具

当对象用渐变色或位图进行填充时，使用"渐变变形工具" ■ 可以改变填充部分的效果，如改变渐变范围、渐变方向等，如图5-3-17所示。

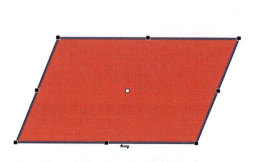

图 5-3-16 "任意变形工具"斜切变形对象效果

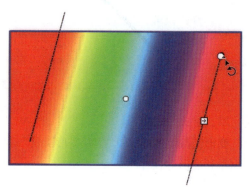

图 5-3-17 "渐变变形工具"调整对象效果

3. 不规则区域选择工具组

不规则区域选择工具组包括套索工具、多边形工具和魔术棒。

1）套索工具

"套索工具" 用于选取对象中不规则形状的区域。选择"套索工具"后，按住鼠标左键拖动以描绘出不规则形状，松开鼠标后即可得到相应形状的选区，如图5-3-18所示。

2）多边形工具

"多边形工具" 用于选取对象中不规则的多边形区域。选择"多边形工具"后，单击即表示确定了多边形的一个顶点，将鼠标指针移动到下一个顶点处再次单击确认下一个顶点，依此类推，直到最后一个顶点位置处双击则可封闭该多边形，得到多边形的选区，如图5-3-19所示。

图 5-3-18 "套索工具"选择区域效果

图 5-3-19 "多边形工具"选择区域效果

3）魔术棒

"魔术棒" 根据单击鼠标时鼠标所在处的颜色值来确认并选取相似颜色的区域以便后续操作。在使用该工具前，可以通过它的属性面板进行参数设置以得到更好的结果，如图5-3-20所示。其中"阈值"控制选取范围内颜色与鼠标单击处颜色的差值，值越小颜色越接近，值越大则选取颜色范围越宽松。"平滑"是指选取范围的边缘平滑度。

"魔术棒"常用来清除位图素材的背景。将一张图片导入舞台中，选中该图片，选择"修改"|"分离"命令，将图片分离为形状，选择"魔术棒"工具，单击选取要删除的背景色，按【Delete】键即可删除所选背景色。还可以配合"套索工具"等进一步清除其他部分内容。

需要注意的是，"套索工具"和"魔术棒"只能应用于分离状态下的形状对象，即矢量图形。

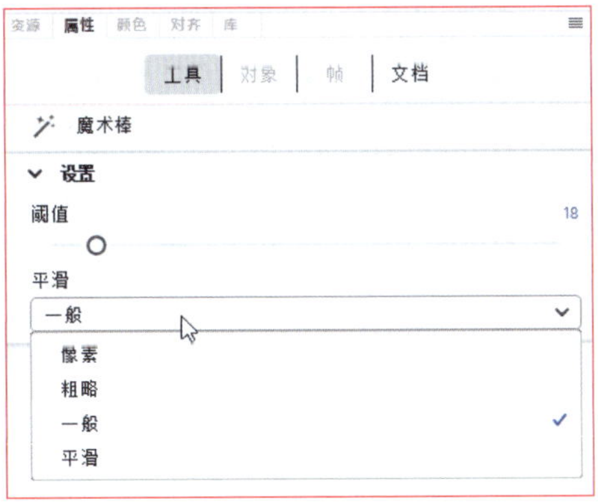

5.3.2 图形绘制

图 5-3-20 "魔术棒"的属性面板

矢量图形等对象可通过线条工具、铅笔工具、钢笔工具、刷子工具组、橡皮擦和几何图形工具组等工具进行绘制和编辑。

1. 线条工具

"线条工具" ∕ 可用于绘制任意的矢量直线线段。选择"线条工具"后，可先在其"属性"面板设置相关属性后进行绘制线条，也可以先绘制线条再到"属性"面板追加设置相关属性，如图5-3-21所示。绘制线条时，将鼠标指针移到舞台上，按住鼠标左键并拖动，拖动至线段终点处松开鼠标即可绘制完成一个线条。绘制线条时，还可以配合【Shift】键将线条的角度限制为45°的倍数。"线条工具"的"属性"面板中"对象绘制模式"按钮可以用来控制绘制的线条是组合状态还是形状。

"线条工具"的"属性"面板中可以设置线条的颜色、粗细（笔触大小）、样式、宽、缩放、端点等属性。其中样式、宽的可选内容如图5-3-22和图5-3-23所示。不同选项可以控制线条的线型和线条粗细变化情况。

图 5-3-21 "线条工具"的"属性"面板

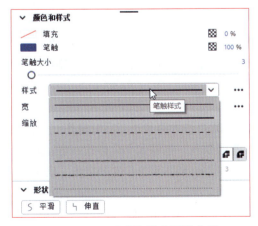

图 5-3-22 "线条"样式属性选项

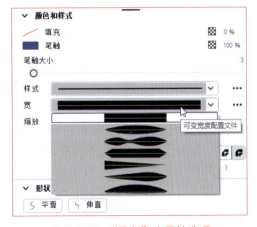

图 5-3-23 "线条"宽属性选项

2. 铅笔工具

"铅笔工具" ✏️ 可用于绘制任意形状的矢量线条。选择"铅笔工具"后，可先在其"属性"面板设置相关属性（如笔触颜色、笔触大小、样式、宽、缩放等）后进行绘制，也可以先绘制形状后再到"属性"面板追加设置相关属性，如图5-3-24所示。绘制线条时，将鼠标指针移到舞台上，按住鼠标左键并拖动，拖动至线段终点处松开鼠标即可绘制完成一个形状。

选择"铅笔工具"并按住【Shift】键可以绘制水平或垂直的线条。此外在工具箱的"铅笔模式"中可以根据绘制形状的需要选择不同选项以达到指定效果，如图5-3-25所示。

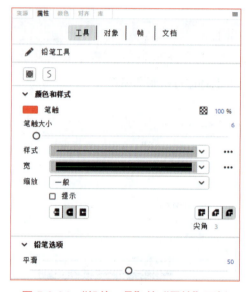

图5-3-24 "铅笔工具"的"属性"面板

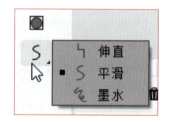

图5-3-25 "铅笔工具"铅笔模式选项

具体选项内容说明如下：

（1）伸直：适合绘制矩形、圆形等规则图形。当所画的图形接近于某种几何形状，如三角形、矩形、椭圆形时，系统会自动将其转换为标准的几何形状。即使离标准几何形状相差甚远也会将一些转角等处理成直角等效果。

（2）平滑：适合绘制相对平滑的图形。系统会自动将用户所画的图形去掉棱角，使其尽可能平滑。

（3）墨水：适合强调手绘图形。系统会全部保留用户所画的图形原状，不作更改。

使用"铅笔工具"时也可以通过"属性"面板中"对象绘制模式"按钮来控制绘制的内容是组合状态还是形状。

3. 钢笔工具

"钢笔工具" ✏️ 可用于绘制任意形状的矢量线条，并可作为路径进行后续操作。选择"钢笔工具"后，在其"属性"面板设置相关属性（如笔触颜色、笔触大小、样式、宽、缩放等）后进行绘制，绘制线条时，将鼠标指针移到舞台上，在要绘制图形的位置处单击，确定第1个锚点，接着将鼠标指针移动到下一个锚点位置并单击确定第2个锚点，此时之前的两个锚点之间会自动用线段连接起来。最后一个锚点操作有两种方法：①单击确定最后一个锚点，再按【Esc】键结束绘制；②双击确定最后一个锚点，同时结束绘制。如果想要通过"钢笔工具"

得到一个封闭的图形，则将鼠标指针移动到第1个锚点处，当鼠标指针右下方出现一个小圆圈时，单击即可完成绘制。

使用"钢笔工具"绘制完成图形后，可以通过"添加锚点工具""删除锚点工具""转换锚点工具""部分选取工具"进一步调整图形形状。

选择"添加锚点工具"，将鼠标指针移动到已绘制线条上没有锚点的位置，单击可增加一个锚点；选择"删除锚点工具"，将鼠标指针移动到某个锚点的位置，单击可删除该锚点；选择"转换锚点工具"，将鼠标指针移动到某个锚点的位置，如该锚点是弧线锚点（有调节杆），则单击可将其转换为折线锚点；如该锚点是折线锚点，则单击并拖动鼠标可将其转换为弧线锚点，并利用其调节杆调整弧线角度进而改变曲线形状。此时拖动锚点同时调整两个调节杆，也可以单独拖动某个调节杆进行单边调整，如图5-3-26所示。

选择"部分选取工具"，按住【Alt】键，也可以单边调整某个弧线锚点附近的曲线形状。

4. 刷子工具组

刷子工具组包括传统画笔工具、流畅画笔工具和画笔工具。这些画笔工具可用于绘制任意形状的填充色或笔触色图形。

1) 传统画笔工具

选择"传统画笔工具" 后，可先在其"属性"面板设置相关属性（如对象绘制模式、画笔模式、填充颜色、填充Alpha透明度、大小、平滑等）后进行绘制，如图5-3-27所示。设置完毕后，将鼠标指针移到舞台上，按住鼠标左键并拖动完成画笔动作。

图5-3-26 "钢笔工具"调整锚点

图5-3-27 "传统画笔工具"属性面板

"传统画笔工具"的"属性"面板中的"对象绘制模式"按钮可用来控制绘制的内容是组合状态还是形状。"画笔模式"共有五种模式可以选择，不同模式画出的效果不同，说明如下：

（1）标准绘画：对画笔经过的所有区域（填充、笔触、舞台空白区域）均涂色。

（2）仅绘制填充：对画笔经过的填充区域和空白区域涂色，不影响笔触。

（3）后面绘画：对画笔经过的填充区域和笔触无影响，仅涂色空白区域。
（4）颜料选择：仅对已选取的填充区域涂色，不影响其他区域和笔触。
（5）内部绘画：仅对画笔工具开始处的区域涂色，不影响笔触。如从形状外部画到内部或横穿形状，则只影响形状外部区域；如从形状内部画到形状外部，则只影响形状内部区域。

如使用"传统画笔工具"在某个形状上画一条横线，每种画笔模式的效果如图5-3-28所示。

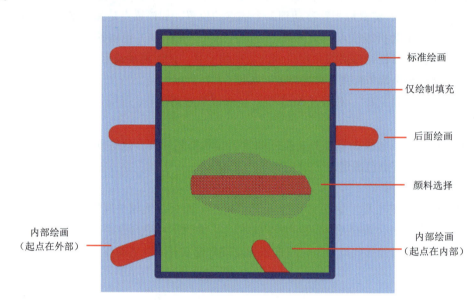

图5-3-28 "传统画笔工具"不同画笔模式效果

在"传统画笔选项"选项组中，"画笔类型"可以设置画笔的形状，如圆形、矩形等；"大小"可以设置画笔的粗细；"平滑"可以设置画笔所画线条的平滑程度等。

2）流畅画笔工具

"流畅画笔工具" 与"传统画笔工具"类似，在其属性基础上增加了对数位板、压感笔等输入方式的支持，如角度、锥度、速度、压力等属性，这些属性的设置可以充分还原用户使用压感笔进行创作时所实现的效果。"流程画笔工具"的"属性"面板如图5-3-29所示。

3）画笔工具

"画笔工具" 与"铅笔工具"非常相似，前者多了"绘制为填充色""使用倾斜""使用压力"选项，其他属性设置方面基本一致。

5. 橡皮擦工具

橡皮擦工具 可擦除形状中不需要的部分。"橡皮擦工具"与"传统画笔工具"的画笔模式类似，不同的是"橡皮擦工具"用于擦除。此外该工具有一个"使用水龙头模式删除笔触或填充区域"属性按钮，在此模式下，使用鼠标在舞台中任意位置处单击，将会擦除以此为样本的相邻封闭颜色区域（笔触或填充区域）。

6. 几何图形工具组

几何图形工具组包括矩形工具、基本矩形工具、椭圆工具、基本椭圆工具、多角星形工具。

1）矩形工具

选择"矩形工具" ■ 后，可先在其"属性"面板设置相关属性（如对象绘制模式、填充颜色、笔触颜色、Alpha透明度、样式、宽、缩放、边角半径等）后进行绘制，如图5-3-30所示。设置完毕后，将鼠标指针移到舞台上，按住鼠标左键并拖动完成矩形绘制。如果在绘制矩形的同时按住【Shift】键，则会绘制一个正方形。

图 5-3-29 "流畅画笔工具"的"属性"面板

图 5-3-30 "矩形工具"的"属性"面板

在"矩形选项"中，可以同时设置四个边角的半径，也可以单独设置每个边角的半径，从而达到绘制圆角矩形的效果。

2）基本矩形工具

"基本矩形工具" ■ 使用方法和"矩形工具"基本一致，只是前者绘制的矩形会出现一些边角控制点，选择"选取工具"后拖动这些边角控制点可以调整边角半径，从而达到绘制圆角矩形的效果，如图5-3-31所示。

图 5-3-31 "基本矩形工具"调整边角半径

3）椭圆工具

选择"椭圆工具" ● 后，可先在其"属性"面板设置相关属性（如对象绘制模式、填充颜色、笔触颜色、笔触大小、Alpha透明度、样式、宽、缩放等）后进行绘制，如图5-3-32所示。设置完毕后，将鼠标指针移到舞台上，按住鼠标左键并拖动完成椭圆绘制。如果在绘制椭圆的同时按住【Shift】键，则会绘制一个圆形。

在"椭圆选项"选项组中，"开始角度""结束角度"用于控制椭圆覆盖的区域范围。椭圆自"开始角度"顺时针画椭圆至"结束角度"结束，"内径"用于控制圆心同心圆（椭圆）的范围。"开始角度"为30，"结束角度"为330，"内径"为10，按住【Shift】键绘制的图形效果如图5-3-33所示。

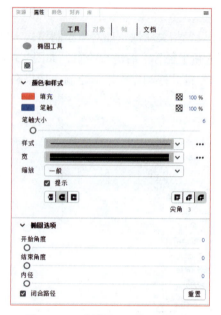

图 5-3-32 "椭圆工具"属性面板

图 5-3-33 "椭圆工具"绘制效果

4）基本椭圆工具

"基本矩形工具" 使用方法和"矩形工具"基本一致，只是前者绘制的椭圆会出现一些控制点，选择"选取工具"后拖动这些控制点可以调整扇形角度，如图5-3-34所示。

5）多角星形工具

选择"多角星形工具" 后，可先在其"属性"面板设置相关属性（如对象绘制模式、填充颜色、笔触颜色、笔触大小、Alpha透明度、样式、宽、缩放、样式等）后绘制多边形，如图5-3-35所示。设置完毕后，将鼠标指针移到舞台上，按住鼠标左键并拖动完成多边形绘制。如果在绘制多边形的同时按住【Shift】键，则会限制绘制的多边形角度调整幅度。

图 5-3-34 "基本椭圆工具"绘制效果

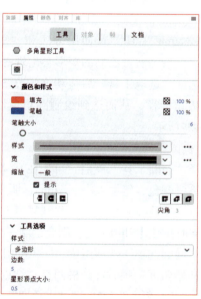

图 5-3-35 "多角星形工具"的"属性"面板

在"工具选项"的"样式"中选择"多边形"可以绘制"边数"属性中所填数字的多边形。选择"星形"则绘制相应顶点数的星形，如"边数"为5，则绘制五角星。"星形顶点大小"仅在"星形"时起作用，它用来控制星形中每个突出顶点所占的区域面积大小。选择"星形"，边数为"8"，"星形顶点大小"为1，绘制的图形效果如图5-3-36所示。

图 5-3-36 "多角星形工具"绘制效果

5.3.3 颜色处理

Animate可以预先设置好填充或笔触的颜色再绘制图形，也可以绘制图形完毕后，利用"颜料桶工具"、"墨水瓶工具"、"滴管工具"和颜色选项等进行颜色的调整。

1. 颜料桶工具

"颜料桶工具"可用于填充形状的颜色。

如果已经绘制完成一个形状，此时选择"颜料桶工具"，可在其"属性"面板设置相关属性，如间隙大小选择、填充颜色、拖动填充方式等，如图5-3-37所示。设置完毕后，可以将鼠标指针移动到要填充区域，单击完成填充颜色操作。也可以按住鼠标左键拖动至所有要填充颜色的区域后松开，完成多区域同时填充颜色操作。

图 5-3-37 "油漆桶工具"的"属性"面板

如果要填充颜色的区域不是完全封闭的，则需要在"油漆桶工具"的"间隙大小"选项选择合适的选项进行填充，否则将无法填充该区域。"间隙大小"选项共有四个选项，分别说明如下：

（1）不封闭空隙：在填充区域完全封闭的情况下对图形进行填充。

（2）封闭小空隙：在填充区域存在小缺口的情况下对图形进行填充。

（3）封闭中等空隙：在填充区域存在中等大小缺口的情况下对图形进行填充。

（4）封闭大空隙：在填充区域存在较大缺口的情况下对图形进行填充。

2. 墨水瓶工具

"墨水瓶工具"可用于设置形状的笔触颜色。

如果已经绘制完成一个带有笔触的形状，此时选择"墨水瓶工具"，可在其"属性"面板设置相关属性，如笔触颜色、笔触大小、Alpha透明度、样式、宽、缩放、端点、连接属性等，如图5-3-38所示。设置完毕后，可以将鼠标指针移动到形状笔触，单击设置笔触颜色。

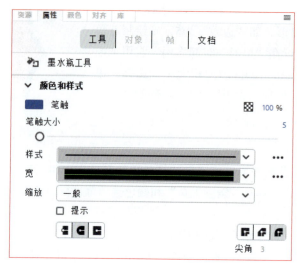

图 5-3-38 "墨水瓶工具"的"属性"面板

3. 滴管工具

"滴管工具" 可用于拾取（复制）颜色用于设置填充或笔触颜色。

选择"滴管工具"，鼠标指针变成滴管形状，将其移动到舞台上需要取色处，单击即可拾取当前位置的颜色，如此时是单击一个笔触，则"滴管工具"会自动切换到"墨水瓶工具"，并设置笔触颜色为当前颜色；单击其他区域则自动切换到"颜料桶工具"，并将填充颜色设置为当前颜色。

4. 颜色设置

颜色设置主要包含还原默认笔触填充颜色按钮（黑/白）、交换笔触填充颜色按钮和笔触填充颜色设置按钮。

单击笔触填充色设置按钮中的某一个矩形，可以进一步设置笔触颜色或填充颜色，如图5-3-39所示。此时还可以利用"滴管工具"拾取某个对象的颜色以设置。

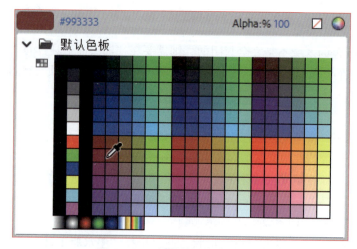

图 5-3-39 笔触填充色设置面板

单击还原默认笔触填充颜色按钮（黑/白）可以快速将填充色笔触颜色恢复到黑色、白色，单击交换笔触填充颜色按钮可以快速交换填充色和笔触颜色。

5.3.4 文本处理

文本是Animate中非常重要的对象之一。它可以直观地表达传递信息。在Animate中有三种文本类型，分类如下：

（1）静态文本：最常见的一种表现形式，用于不会动态变化的文字说明内容。

（2）动态文本：可以动态更新的文本，一般通过实例名称与后台程序联动，以便能够获取并显示指定的信息。

（3）输入文本：为动画用户提供一个输入文本的窗口，如用户可在表单或者调查表中根据要求填写文本。

选择"文本工具"后，可先在其"属性"面板设置相关属性（如文本类型、字体、倾斜加粗、大小、字间距、字颜色、字体呈现方法、段落排版方式、行类型等）后进行文本输入，也可以先输入文本后再到"属性"面板追加设置相关属性，如图5-3-40所示。输入文本时，将鼠标指针移到舞台上，单击后会出现一个文本输入框，在其中输入相应文字。输入完毕后单击舞台空白处即可。

对于已经输入完毕的文字，选择该对象，可以在"属性"面板中为其追加设置一些属性，如文字链接地址（单击该文字后可以跳转到其他地址）、添加各种滤镜以丰富文字表达形式。滤镜包括投影、模糊、发光、斜角、渐变发光、渐变斜角、调整颜色等分类。用户可以根据实际需要设置相应滤镜的具体参数。图5-3-41所示为普通文字添加投影、发光滤镜后的前后效果对比。

图 5-3-40 "文本工具"的"属性"面板

图 5-3-41 "文本工具"滤镜效果对比

Animate中的文本工具输入的静态文本都是作为一个对象存在，如要对其进行后续形状补间动画操作，则首先要将其转换为矢量图形。具体做法是选中该静态文本对象，选择"修改"｜"分离"命令，此时静态文本对象会被分离成一个一个的字符，在此状态下再次选择"修改"｜"分离"命令，则静态文本对象最终会被分离（"打散"）成矢量图形（形状），具体对比效果如图5-3-42所示。矢量图形的文字就可以作为各种形状补间动画的素材进行后续制作了。

Animate动画制作

Animate动画制作

Animate动画制作

图 5-3-42 静态文本多次分离效果对比

5.3.5 视图查看

视图查看主要是一些辅助工具，帮助用户更好地查看当前舞台中各个对象素材的效果。主要包括缩放工具、手形工具、旋转工具、时间滑动工具等。

1. 缩放工具

"缩放工具" 可用于放大或缩小对象。

选择"缩放工具"，确保下方的工具选项中选中带加号的放大镜，此时为放大功能，移动鼠标指针到舞台工作区中，单击某处放大该点所处区域，也可以用鼠标拖动一个矩形松开鼠标放大该矩形区域。在工具选项中选中带减号的放大镜，此时为缩小功能，移动鼠标指针到舞台工作区中，单击某处缩小该点所处区域，此时用鼠标拖动一个矩形，松开鼠标依然是放大该矩形区域。当处于"放大"功能状态下，按住【Alt】键同时单击舞台工作区会变成"缩小"的功能，反之亦然。实际上，在任何工具状态下，按住【Ctrl】键，并滚动鼠标中键滚轮也可以放大或缩小舞台工作区。

2. 手形工具

"手形工具" 可用于移动舞台工作区。

放大舞台工作区后，可以拖动出现的水平或垂直滚动条来移动舞台工作区。还可以选择"手形工具"后，在舞台工作区中拖动鼠标以实现移动舞台工作区的功能。

舞台工作区处于任何大小状态时，双击"手形工具"即可将舞台工作区快速还原到适合窗口大小状态，且舞台会在工作区中水平垂直居中，方便后续操作。

在任何工具状态下，按住【空格】键不放，可以快速切换到"手形工具"状态，此时拖动鼠标即可移动舞台工作区，放开【空格】键又可以回到之前工具状态。

3. 旋转工具

"旋转工具" 可用于临时旋转舞台工作区进行观察，但实际上并未真实改变舞台上对象的状态。

选择"旋转工具"后，在舞台工作区单击以确定旋转的中心点，然后拖动鼠标就可以旋转舞台工作区。双击"手形工具"可以将舞台工作区快速还原到适合窗口大小状态，且舞台会在工作区中水平垂直居中，方便后续操作。

4. 时间滑动工具

"时间滑动工具" 可用于在舞台工作区临时观察动画效果。

在有动画内容的Animate文件中，选择"时间滑动工具"后，在舞台工作区向左或向右拖动鼠标即可实时观察当前动画效果，松开后就会停止到当前动画帧。

5.3.6 工具栏编辑

选择工具箱中的"编辑工具栏"工具 ⋯，出现图5-3-43所示的"拖放工具"面板，用户可以对当前"工具面板"做任意调整。其中已经在"工具面板"中的工具图标为灰色不可用状态，可以拖到"工具面板"的工具显示为深色，用户可以根据实际需要调整"工具面板"可以出现的具体工具。此外在此状态下用户可以通过拖放设置工具的显示顺序、显示区域、是否合并到一个工具组等。设置完毕后单击舞台工作区任意位置即可关闭"拖放工具"面板。

图 5-3-43 "拖放工具"面板

5.4 Animate 动画制作案例

5.4.1 简单动画制作

Animate中预置了部分动画效果，用户只需制作最基本的动画素材即可通过动画预设功能制作简单动画。

例 5-1 利用动画预设的方法实现文字动画效果。

操作步骤如下：

（1）**新建文档**。选择"文件"|"新建"命令，在打开的"新建文档"对话框中，选择"预设"|"高清"选项，单击"创建"按钮，新建一个Animate文档。

（2）**修改文档属性**。选择"修改"|"文档"命令，在打开的"文档设置"对话框中，修改当前文档帧频为24。上述操作也可以在"属性"面板中的"文档设置"选项卡中进行设置。

（3）**插入关键帧**。选择时间轴中图层1的第1帧，单击工具箱中的"文本工具"按钮，在"属性"面板的"字符"选项卡中设置文本格式为楷体、100点、红色，然后在舞台中单击，输入文字"Animate动画制作"。

单击选中上述文字，选择"修改"|"对齐"|"与舞台对齐"命令，确保"与舞台对齐"命令为选中状态。依次选择"修改"|"对齐"|"水平居中"和"修改"|"对齐"|"垂直居中"命令，使文字在舞台中水平垂直居中。

选择"窗口"|"动画预设"命令，打开"动画预设"面板，单击展开"默认预设"，查看系统中预设的动画效果，单击某个效果名称，可以在上方的效果预览区查看动画效果。如图5-4-1所示。选中"脉搏"，单击"应用"按钮，时间轴中图层1自动添加关键帧等以实现动画效果，如图5-4-2所示。

视频

动画预设动画

图 5-4-1 "动画预设"面板

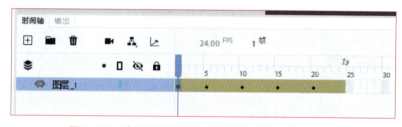

图 5-4-2 应用了"脉搏"动画预设效果后的时间轴

（4）测试动画。选择"控制"|"播放"命令，或选择"控制"|"测试"命令，或选择"控制"|"测试影片"|"在Animate中"命令，或直接按【Enter】键，查看动画效果。

（5）保存文件。选择"文件"|"保存"命令，保存Animate源文件为"5-1简单动画.fla"。

（6）导出影片。选择"文件"|"导出"|"导出影片"命令，导出名为"5-1简单动画.swf"的影片文件。

5.4.2 逐帧动画制作

逐帧动画是一种常见的动画表现方式。它是在时间轴上逐帧绘制帧内容，几乎所有的帧都是关键帧。由于是一帧一帧地制作，所以需要一定的工作量，但是逐帧动画具有非常大的灵活性，几乎可以表现任何想要表现的内容。

制作逐帧动画的方法通常包括：导入一组图片作为动画素材，按照动画播放的顺序将图片放入不同的关键帧中，制作逐帧动画；利用绘图工具一帧帧绘制矢量图形创建逐帧动画；输入文字，使每一帧的文字内容或外观产生变化，创建逐帧动画。

例 5-2 利用逐帧动画的方法实现文字出现或消失的动画。

视频
逐帧动画制作

操作步骤如下：

（1）**新建文档**。新建一个"高清"预设的Animate文档，并修改文档属性，将帧频设置为5，舞台的背景色设置为#00CCFF。

（2）**插入关键帧**。选择时间轴中图层1的第1帧，利用工具面板中的"文本工具"在舞台中输入文字"Animate"，设置文本格式为"Times New Roman"字体、倾斜、100点、红色、在舞台中水平居中对齐。

单击选中上述文字，选择"修改"|"分离"命令，也可以按【Ctrl+B】快捷键将文字分离为多个文字对象，分离1次后的效果如图5-4-3所示。

右击图层1的第2帧，选择快捷菜单中的"插入关键帧"命令，插入第2个关键帧，然后单击舞台中的最后一个文字"e"，按【Delete】键删除。按照相同的方法，在第3、4、5、6、7、8帧分别插入关键帧，并依次删除最后的一个文字，实现文字逐字消失的效果，最后的时间轴效果如图5-4-4所示。

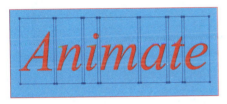

图 5-4-3　对多文字应用1次分离后的效果

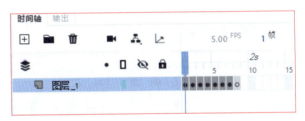

图 5-4-4　逐帧动画制作完毕的时间轴

（3）**测试动画**。选择"控制"|"播放"命令，查看动画效果。

（4）**翻转动画**。右击图层1的第1帧，选择快捷菜单中的"选择所有帧"命令，或利用【Shift】键选中图层1的所有帧，选择"修改"|"时间轴"|"翻转帧"命令，或右击选中帧，选择快捷菜单中的"翻转帧"命令，实现图层1中所有帧倒序排放效果，翻转帧成功后即可实现文字逐字出现的效果。

（5）**保存文件**。选择"文件"|"保存"命令，保存Animate源文件为"5-2逐帧动画.fla"。

（6）**导出影片**。选择"文件"|"导出"|"导出影片"命令，导出名为"5-2逐帧动画.swf"的影片文件。

5.4.3　形状补间动画制作

形状补间动画是先在时间轴的一个关键帧上绘制一个形状，然后在后续另一个关键帧上更改该形状或绘制另一个形状等，以实现两个对象之间颜色、形状、大小和位置等的相互变化。创建形状补间动画后，时间轴面板的背景色变为浅棕色，而Animate将根据两个形状的差别，在两个关键帧之间自动生成补间帧。

> ⚠ **注意**：
> 只能为矢量图形制作形状补间动画，如果对象是图形元件、按钮、文字等，则必须先选择"修改"|"分离"命令或按【Ctrl+B】键，将其"打散"转换为矢量图形，再制作形状补间动画。

● 视频

形状补间动画制作

例 5-3 利用形状补间动画的方法实现图形变化的动画。

操作步骤如下：

（1）新建文档。新建一个"高清"预设的Animate文档，并修改文档属性，将帧频设置为24。

（2）插入关键帧。选择时间轴中图层1的第1帧，利用工具面板中的"矩形工具"在舞台左上方绘制一个矩形，设置该矩形填充色为蓝色、无轮廓线（笔触颜色为空）。

右击图层1的第10帧，选择快捷菜单中的"插入关键帧"命令，插入第2个关键帧，然后删除舞台左上方的蓝色矩形，利用工具面板中的"椭圆工具"，在舞台中央下方按住【Shift】键绘制一个圆形，设置该圆形填充色为绿色、无轮廓线。右击图层1的第20帧，选择快捷菜单中的"插入关键帧"命令，插入第3个关键帧，然后删除舞台下方的绿色圆形，选中工具面板中的"多角星形工具"，在"属性"面板的"工具"|"工具选项"卡中设置样式为"星形"、边数为"5"，然后在舞台右上方绘制一个五角星，设置该五角星填充色为红色、无轮廓线。

分别右击图层1的第1帧和第10帧，选择快捷菜单中的"创建补间形状"命令，实现图形变化的效果，此时图层1中的几个关键帧间有黑色箭头相连，帧背景色为浅棕色。最后的时间轴效果如图5-4-5所示。

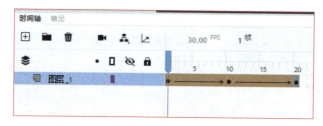

图 5-4-5　形状补间动画制作完毕的时间轴

（3）测试动画。选择"控制"|"播放"命令，查看动画效果。

（4）保存文件。选择"文件"|"保存"命令，保存Animate源文件为"5-3形状补间动画.fla"。

（5）导出影片。选择"文件"|"导出"|"导出影片"命令，导出名为"5-3形状补间.swf"的影片文件。

5.4.4　动作补间动画制作

动作补间动画是在两个关键帧之间建立动作补间，在两个关键帧分别设置动画对象的属性，使对象从一个关键帧到另一个关键帧之间产生移动、旋转、大小变化、颜色变化、不透明度变化等动画效果。

> ⚠ 注意：
>
> 只能为非矢量对象（如元件的实例、文本对象、组合对象、导入的图片等）创建动作补间动画。由于元件有许多重要属性：亮度、色调、Alpha值（不透明度）等，在创建动画时，使用元件属性可以产生很多动画效果，如对象淡入淡出、颜色变化等。因此在制作动作补间动画时，一般先将对象转换为元件，然后再创建该对象元件的动作补间动画。

动作补间可以通过创建传统补间和创建补间动画两种方式实现。

例5-4 利用传统补间动画的方法实现彩色圆盘移动并旋转的动画。

操作步骤如下：

（1）**新建文档**。新建一个"高清"预设的Animate文档，文档属性采用默认值。

（2）**制作彩色圆盘元件**。选择"插入"|"新建元件"命令，打开"创建新元件"对话框，设置名称为"圆盘"、类型为"图形"，如图5-4-6所示。

视频·传统补间动画制作

单击"确定"按钮进入元件编辑界面，利用工具面板中的"椭圆工具"，按住【Shift】键绘制一个圆形，设置该圆形填充色为无，笔触为1、黑色。将该圆形水平垂直居中对齐。利用工具面板中的"线条工具"，绘制一条穿过圆形圆心的线段，线条笔触为1、黑色，仅保留圆形内部的线条，即保留直径线条，如图5-4-7所示。

图 5-4-6 "创建新元件"对话框

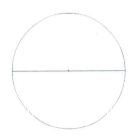

图 5-4-7 绘制圆形及直径线条

选中直径线段，选择"窗口"|"变形"命令，打开"变形"面板，设置"旋转"角度为45°，如图5-4-8所示。多次单击面板右下角的"重制选区和变形"按钮，复制多条直径线段，将圆等分成8个扇形区域，效果如图5-4-9所示。

图 5-4-8 "变形"对话框

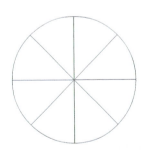

图 5-4-9 复制直径线条后的效果

选中工具面板中的"颜料桶工具"，在其"属性"面板中设置填充色为红色，并根据实际情况选择"间隙大小"值（如"封闭小间隙"），如图5-4-10所示，以便后续单独填充一个扇形颜色，每个扇形填充不同的颜色，最终效果如图5-4-11所示。

（3）**制作传统动作补间动画**。选择时间轴中图层1的第1帧，从"库"面板中将"圆盘"元件拖放至舞台左上方，利用工具面板中的"任意变形工具"结合【Shift】键按比例缩放"圆盘"元件至合适大小（不是过大即可）。

图 5-4-10　颜料桶工具属性设置对话框

图 5-4-11　颜料桶填充扇形效果

右击图层1的第30帧，选择快捷菜单中的"插入关键帧"命令，插入第2个关键帧，然后移动舞台左上方的"圆盘"元件至舞台右下方，利用工具面板中的"任意变形工具"结合【Shift】键按比例缩放"圆盘"元件至合适大小（要比第1帧的"圆盘"元件明显变大，但注意不要超出舞台范围）。

右击图层1的第1帧，选择快捷菜单中的"创建传统补间"命令，此时第1帧和第30帧之间有黑色箭头相连，帧背景色为紫色。最后的时间轴效果如图5-4-12所示。

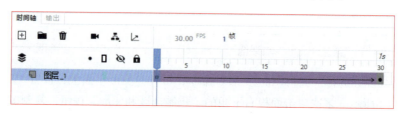
图 5-4-12　传统补间动画制作的时间轴

（4）测试动画。选择"控制"|"播放"命令，查看动画效果。

（5）调整传统动作补间动画参数。选择时间轴中图层1的第1帧，在其"属性"面板"帧"标签页的"补间"选项卡中可以进一步设置补间动画各项参数，如缓动类型、缓动效果、旋转选项等，按照图5-4-13所示设置各项参数后可实现"圆盘"元件初始缓缓滚动，后续加速滚动，最后慢慢滚动停止的一个动画效果。

（6）测试动画。选择"控制"|"播放"命令，查看动画效果。

（7）保存文件。选择"文件"|"保存"命令，保存Animate源文件为"5-4传统动作补间动画.fla"。

图 5-4-13　传统补间动画参数设置

（8）导出影片。选择"文件"|"导出"|"导出影片"命令，导出名为"5-4传统动作补间动画.swf"的影片文件。

例5-5　利用补间动画的方法实现彩色圆盘移动并旋转的动画。
操作步骤如下：

（1）新建文档。新建一个"高清"预设的Animate文档，文档属性采用默认值。

（2）**素材准备**。重复例5.4步骤1~2制作"圆盘"元件，也可以新建Animate文档后，将上例中的"圆盘"元件导入当前文档中备用。

（3）**制作动作补间动画**。选择时间轴中图层1的第1帧，从"库"面板中将"圆盘"元件拖放至舞台左上方，利用工具面板中的"任意变形工具"结合【Shift】键按比例缩放"圆盘"元件至合适大小（不是过大即可）。

补间动画方法实现圆盘转动制作

右击图层1的第1帧，选择快捷菜单中的"创建补间动画"命令，系统自动将帧复制延长至30帧，右击图层1的第30帧，选择快捷菜单中的"插入关键帧"|"全部"命令，此时第30帧显示为带有黑色菱形标记的属性关键帧。选择图层1的第30帧，移动舞台左上方的"圆盘"元件至舞台右下方，利用工具面板中的"任意变形工具"结合【Shift】键按比例缩放"圆盘"元件至合适大小（要比第1帧的"圆盘"元件明显变大，但注意不要超出舞台范围）。此时舞台上会出现一条彩色并带有很多标记点的线条，如图5-4-14所示。这个彩色线条就是"圆盘"元件的运动路径，利用"选择工具"拖动此线条可以调整元件的运动路径，如图5-4-15所示。

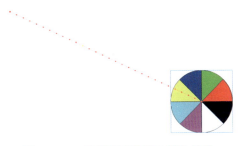
图 5-4-14　补间动画最后 1 帧的效果

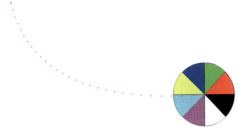
图 5-4-15　补间动画调整运动路径

（4）**调整补间动画参数**。选择时间轴中图层1的第1帧，在其"属性"面板"帧"标签页的"补间"选项卡中可以进一步设置补间动画各项参数。最后的时间轴效果如图5-4-16所示。

图 5-4-16　补间动画制作的时间轴

（5）**测试动画**。选择"控制"|"播放"命令，查看动画效果。

（6）**保存文件**。选择"文件"|"保存"命令，保存Animate源文件为"5-5补间动画_动作.fla"。

（7）**导出影片**。选择"文件"|"导出"|"导出影片"命令，导出名为"5-5补间动画_动作.swf"的影片文件。

5.4.5　引导层动画制作

之前介绍的Animate动画中，动画对象（矢量图形或元件等）的移动路径基本是一条直线，如果希望动画对象能够沿某条特定的运动路径进行移动变化，则需要对其运动路径进行控制，目前有两种方法可以实现，第一种是添加传统引导层，指定动画对象的运动路径；第二种是之前介绍过的补间动画中的调整运动路径方法。

传统引导层动画是将一个或多个图层链接到一个运动引导层中，使一个或多个对象沿同一条路径运动。一个最基本的传统引导层动画由两个图层组成，上面的一个图层是引导层，下面的一个图层是被引导层。引导层在动画的制作过程中主要起辅助作用，它不会显示在最终发布的影片屏幕中。

视 频
传统引导层
动画制作

例5-6 利用传统引导层动画的方法实现彩色圆盘按指定路径移动并旋转的动画。操作步骤如下：

（1）新建文档。新建一个"高清"预设的Animate文档，将帧频设置为6。

（2）素材准备。重复例5.4步骤（1）~（2）制作"圆盘"元件，也可以新建Animate文档后，将例5.4中的"圆盘"元件导入当前文档中备用。

（3）制作传统动作补间动画。在图层1中制作"圆盘"元件从舞台左下方慢慢变大并移动到舞台右上方的传统补间动画，动画时长30帧。选择图层1的第30帧，选中"圆盘"元件，利用工具面板中的"任意变形工具"将"圆盘"元件顺时针旋转90°。按【Enter】键查看当前动画效果。

右击图层1，选择快捷菜单中的"添加传统运动引导层"命令，在图层1上面添加了一个新图层，并自动转换为引导层，图层1自动转换为被引导层。

选择引导层第1帧，利用工具面板中的"铅笔工具"，设置为平滑模式，在引导层舞台中央自顶向下画一个"S"形曲线，作为运动的路径。锁定引导层以防止运动路径被修改。此时图层1中的"圆盘"元件会自动吸附到运动路径的起点，如图5-4-17所示。

如第1帧"圆盘"元件未自动移到运动路径起点，则选择图层1的第1帧，将舞台中的"圆盘"元件拖到路径的起点（路径左端），使"圆盘"元件的中心点与路径的左端重合。选择图层1的第30帧，将"圆盘"元件拖到路径的终点（路径右端），并使"圆盘"元件的中心点与路径的右端重合。

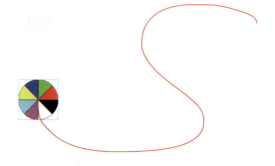

图5-4-17 传统引导层动画制作的起始位置

最后的时间轴效果如图5-4-18所示。

（4）测试动画。选择"控制"|"播放"命令，查看动画效果。

（5）保存文件。选择"文件"|"保存"命令，保存Animate源文件为"5-6传统引导层动画.fla"。

（6）导出影片。选择"文件"|"导出"|"导出影片"命令，导出名为"5-6传统引导层动画.swf"的影片文件。

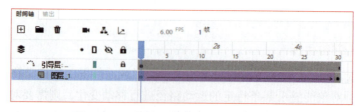

图5-4-18 传统引导层动画制作的时间轴

例5-7 利用补间动画调整运动路径的方法实现彩色圆盘按指定路径移动的动画。
操作步骤如下：

利用补间动画调整路径制作引导动画

（1）新建文档。新建一个"高清"预设的Animate文档，将帧频设置为6。

（2）素材准备。重复例5.4步骤（1）~（2）制作"圆盘"元件，也可以新建Animate文档后，将例5.4中的"圆盘"元件导入当前文档中备用。

（3）制作补间动画。选择时间轴中图层1的第1帧，从"库"面板中将"圆盘"元件拖放至舞台左上方，利用工具面板中的"任意变形工具"结合【Shift】键按比例缩放"圆盘"元件至合适大小（不是过大即可）。

右击图层1的第1帧，选择快捷菜单中的"创建补间动画"命令，系统自动将帧复制延长至第6帧，移动光标到第6帧结尾处，当光标变成双向箭头时拖动帧至30帧，此时动画长度变为30帧。右击图层1的第30帧，选择快捷菜单中的"插入关键帧"|"全部"命令，此时第30帧显示为带有黑色菱形标记的属性关键帧。选择图层1的第30帧，移动舞台左上方的"圆盘"元件至舞台右下方，利用工具面板中的"任意变形工具"结合【Shift】键按比例缩放"圆盘"元件至合适大小（要比第1帧的"圆盘"元件明显变大，但注意不要超出舞台范围）。此时舞台上会出现一条彩色并带有很多标记点的线条。这个彩色线条就是"圆盘"元件的运动路径，选择图层1的第1帧，在"属性"面板中设置"补间"选项为"顺时针旋转1次"。按【Enter】键查看当前动画效果。此时"圆盘"元件从舞台左上方直线运动到右下方。

分别右击图层1的第10帧、第20帧，并选择快捷菜单中的"插入关键帧"|"全部"命令，此时多了两个属性关键帧。

选中图层1第10帧，先利用"选择工具"选中"圆盘"元件，再拖动当前运动路径上"圆盘"元件中心点处的控制点到舞台下方，此时原本一条直线的线段会被分为3段。选中图层1第20帧，保持"圆盘"元件选中状态，再拖动当前运动路径上"圆盘"元件中心点处的控制点到舞台上方，此时运动路径如图5-4-19所示。

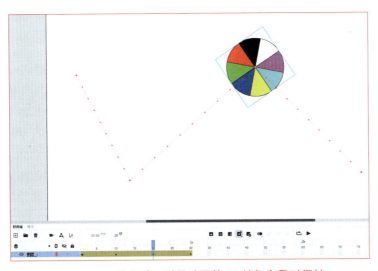

图 5-4-19 补间动画引导动画第 20 帧舞台及时间轴

选中图层1第10帧，利用"选择工具"调整"圆盘"元件两侧的运动路径以达到弧线效果，选中图层1第20帧，同样操作方法调整此时运动路径弧线效果。也可以利用"部分选取工具"单击此时控制点,配合【Alt】键控制运动路径的弧度,最终效果如图5-4-20所示。

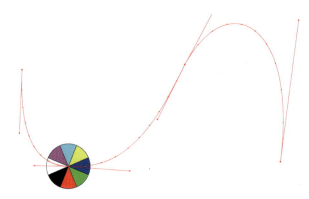

图 5-4-20 补间动画引导动画第 10 帧舞台调整路径效果

最后的时间轴效果如图5-4-21所示。

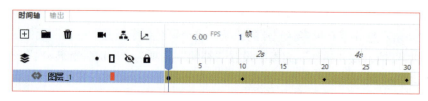

图 5-4-21 补间动画引导动画时间轴

（4）测试动画。选择"控制"|"播放"命令,查看动画效果。

（5）保存文件。选择"文件"|"保存"命令,保存Animate源文件为"5-7补间动画实现引导层动画.fla"。

（6）导出影片。选择"文件"|"导出"|"导出影片"命令,导出名为"5-7补间动画实现引导层动画.swf"的影片文件。

5.4.6 遮罩动画制作

遮罩动画是指利用遮罩图层来完成的动画。遮罩图层是一种特殊的图层,使用遮罩图层后,只有遮罩图层中填充色块（纯色填充的任意形状）下的被遮罩图层的内容才能显示出来。制作遮罩动画至少需要两个图层,上面的图层是遮罩层,下面的图层是被遮罩层。在一个遮罩动画中,遮罩层只有一个,而被遮罩层可以有任意多个。当遮罩层中有动画效果,例如遮罩层中对象的移动、放大；或者在被遮罩层中有动画时,便产生了遮罩动画。简单来说,好比通过窗户看外部世界景色,只有窗口范围内的景色才会被看见,窗口范围之外的景色无法看到。窗口范围内的外部世界景色可能会发生变化,也可能是窗口发生移动导致看到了不同的外部世界景色。

• 视 频 •

遮罩动画
制作

例 5-8 利用遮罩动画的方法实现彩虹文字的动画。

操作步骤如下：

（1）新建文档。新建一个"高清"预设的Animate文档,文档属性采用默认值。

（2）制作"彩虹色条"元件。选择"插入"|"新建元件"命令,打开"创建新元件"对话框,设置名称为"彩虹色条"、类型为"图形",单击"确定"按钮进入元件

编辑界面，利用工具面板中的"矩形工具"绘制一个矩形，设置该矩形填充色为线性渐变的彩虹色，矩形填充的具体彩虹颜色构成可参考图5-4-22（可以通过单击或拖放图中色卡颜色标记增加或删除间隔颜色），笔触为无。

（3）制作遮罩动画。修改时间轴中图层1名称为"彩虹"，选择时间轴中"彩虹"图层的第1帧，从"库"面板中将"彩虹色条"元件拖放至舞台，利用工具面板中的"任意变形工具"结合【Shift】键按比例放大"彩虹色条"元件至能够完全覆盖舞台范围。

右击"彩虹"图层的第1帧，选择快捷菜单中的"创建补间动画"命令，系统自动将帧复制延长至30帧，右击"彩虹"图层的第30帧，选择快捷菜单中的"插入关键帧"|"全部"命令，此时第30帧显示为带有黑色菱形标记的属性关键帧。选择"彩虹"图层的第1帧，结合【Shift】键，水平移动舞台"彩虹色条"元件至舞台右侧，注意元件左边框不要超过舞台左侧1/4处，选择"彩虹"图层的第30帧，结合【Shift】键，水平移动舞台"彩虹色条"元件至舞台左侧，注意元件左边框不要超过舞台右侧1/4处，此时第30帧可以看到"彩虹色条"元件的运动路径，如图5-4-23所示。

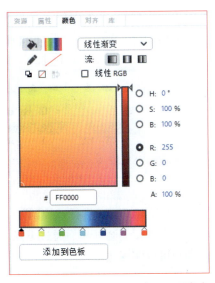

图 5-4-22　彩虹线性渐变填充设置参考

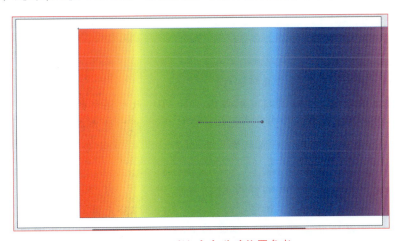

图 5-4-23　彩虹色条移动位置参考

在"彩虹"图层上方插入一个新图层，修改其名称为"文字"。选择时间轴中"文字"图层的第1帧，利用工具面板中的"文本工具"在舞台中输入文字"彩虹文字"，设置文本格式为"华文琥珀"字体、150点、红色、在舞台中水平垂直居中对齐。单击选中"彩虹文字"后，选择两次"修改"|"分离"命令，将其转换为矢量图形。右击"文字"图层的第30帧，选择快捷菜单中的"插入关键帧"或"插入帧"命令，将第1帧延长至第30帧。

按【Enter】键，此时动画效果为一个"彩虹文字"字样一直显示在舞台中央位置，它的背后有一个彩虹色条在向右缓慢移动。

在"时间轴"面板的图层控制区右击"文字"图层，选择快捷菜单中的"遮罩层"命令，

"文字"图层转变为遮罩层，其下方的"彩虹"图层转变为被遮罩层，且这两个图层均被锁定。最后的时间轴效果如图5-4-24所示。

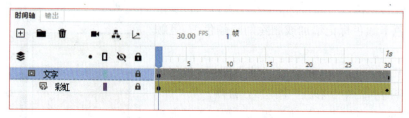

图 5-4-24　遮罩动画制作的时间轴

（4）测试动画。选择"控制"|"播放"命令，查看动画效果。

（5）遮罩动画补充。通过上述步骤可以发现，遮罩层内容不动，仅被遮罩层制作相应补间动画可以实现遮罩动画效果。如果被遮罩层内容不动，遮罩层内的对象制作相应补间动画一样可以实现类似的遮罩动画效果。

（6）测试动画。选择"控制"|"播放"命令，查看动画效果。

（7）保存文件。选择"文件"|"保存"命令，保存Animate源文件为"5-8遮罩动画.fla"。

（8）导出影片。选择"文件"|"导出"|"导出影片"命令，导出名为"5-8遮罩动画.swf"的影片文件。

习　题

一、单选题

1. Animate 中的填充变形工具可以（　　）。
   A. 改变用渐变色或位图填充的效果　　B. 改变图形的形状
   C. 改变填充色的亮度　　D. 改变填充色的对比度
2. 在 Animate 中，文字"动画制作"要经过（　　）次分离才能变成矢量图。
   A. 1　　B. 2　　C. 3　　D. 4
3. Animate 中的橡皮擦工具的作用是（　　）。
   A. 擦除位图　　B. 擦除文字　　C. 擦除元件　　D. 擦除矢量图
4. Animate 所提供的遮罩功能，是将指定的（　　）改变成具有遮罩的属性，使用遮罩功能可以产生类似聚光灯扫射的效果。
   A. 图层　　B. 时间轴　　C. 帧　　D. 舞台
5. 使用 Animate 的铅笔工具与颜料桶工具在舞台上绘制的图是（　　）。
   A. 位图　　B. 矢量图
   C. 线条是矢量图，填充是位图　　D. 既不是位图也不是矢量图
6. Animate 的补间动画中，如果将"缓动"的值由原来的 0 改为 -100，则动画中对象的运行速度（　　）。
   A. 不变　　B. 先慢后快
   C. 先快后慢　　D. 匀速，但比原来要快

7. 关于 Animate 的补间动画，下列说法中正确的是（　　）。
   A. 在一个图层上如果有两个或两个以上对象，则不能产生动作补间动画
   B. 在一个图层上如果有两个或两个以上对象，可将它们组合起来，以创建动作补间动画
   C. 在一个图层上只有一个对象能创建动作补间动画
   D. 在一个图层上如果只有一个矢量图对象，则能够创建动作补间动画。
8. 如果 Animate 时间轴的帧上显示一个空心圆圈，则表示该帧为（　　）。
   A. 空白关键帧　　B. 有内容的关键帧　　C. 补间帧　　D. 静态帧
9. 在 Animate 中，删除一个关键帧，下列操作哪些是正确的（　　）。
   A. 选中关键帧，按【Delete】键
   B. 选中关键帧，执行右键快捷菜单中的"删除帧"命令
   C. 选中关键帧，执行右键快捷菜单中的"清除帧"命令
   D. 选中关键帧，执行右键快捷菜单中的"清除关键帧"命令
10. 在 Animate 中，要从一个比较复杂的图像中"挖"出不规则的一部分图形，应该使用（　　）工具。
   A. 选择　　B. 套索　　C. 滴管　　D. 颜料桶

二、多选题

1. Animate 中的图层类型包括（　　）。
   A. 普通图层　　B. 遮罩图层　　C. 效果图层　　D. 引导图层
2. Animate 元件中，可以嵌套的元件类型包括（　　）。
   A. 图形　　B. 影片剪辑　　C. 按钮　　D. 图像
3. 在 Animate 中，下列哪些功能键能插入关键帧（　　）。
   A. F6　　B. F7　　C. F8　　D. F9
4. 使用滴管工具可以获取以下（　　）属性。
   A. 矢量填充色块的属性
   B. 文字属性
   C. 矢量线条的属性
   D. 位图
5. 在 Animate 中，下列关于擦除工具的说法中正确的是（　　）。
   A. "标准擦除"只擦除填充的矢量线条部分，不能擦除矢量色块
   B. "擦除填色"可擦除矢量色块和矢量线条
   C. "擦除线条"只擦除矢量线条的部分，不能擦除色块
   D. "擦除所选填充"可擦除选中的色块区域中某部分或全部，未选取部分不受影响

附录 A 习题参考答案

第 1 章

一、单选题

1~5：B D D C B   6~10：C A B B A

二、多选题

1. BCD 2. ACD 3. AC 4. ABC 5. BCD

第 2 章

一、单选题

1~5：B B B D B   6~10：A B A A B

二、多选题

1. ACDEF 2. DEG 3. BDFG 4. ADEFG 5. ADEFG

第 3 章

一、单选题

1~5：D D D D C   6~10：B B C C B

二、多选题

1. ABD 2. AB 3. ABCD 4. ABCD 5. ABCD

第 4 章

一、单选题

1~5：C C A B D   6~10：A B B D C

二、多选题

1. BCD 2. ABD 3. AD 4. ABC 5. BD

第 5 章

一、单选题

1~5：A B C D B   6~10：B B A B B

二、多选题

1. ABCD 2. ABC 3. AB 4. ABCD 5. CD